国家出版基金项目
"十三五"国家重点出版物出版规划项目

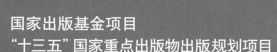

近感探测
◆
与毁伤控制技术丛书

超宽带近感探测原理

Ultra-Wideband Proximity Detection Theory

黄忠华　李银林　著

北京理工大学出版社
BEIJING INSTITUTE OF TECHNOLOGY PRESS

内 容 简 介

本书是作者在 10 余年教学和科研工作基础上，参考国内外有关文献资料，经总结、提炼加工而成的。

本书共 7 章，重点介绍超宽带无线电引信原理。其中包括绪论、超宽带无线电引信基本原理、超宽带无线电引信探测性能、超宽带无线电引信发射机、超宽带无线电引信接收机、超宽带引信天线和超宽带引信测试。书中有相当部分内容是作者近年的研究成果，是其他同类书籍中所没有的。

本书内容丰富新颖，可作为高等院校引信专业的教材，也可作为相关科研和工程技术人员的参考用书。

图书在版编目（CIP）数据

超宽带近感探测原理/黄忠华，李银林著. —北京：北京理工大学出版社，2019.4

（近感探测与毁伤控制技术丛书）

国家出版基金项目　"十三五"国家重点出版物出版规划项目

ISBN 978 - 7 - 5682 - 6959 - 9

Ⅰ. ①超…　Ⅱ. ①黄… ②李…　Ⅲ. ①超宽带技术 - 无线电引信 - 探测技术

Ⅳ. ①TJ43

中国版本图书馆 CIP 数据核字（2019）第 075206 号

出版发行 / 北京理工大学出版社有限责任公司
社　　址 / 北京市海淀区中关村南大街 5 号
邮　　编 / 100081
电　　话 / （010）68914775（总编室）
　　　　　（010）82562903（教材售后服务热线）
　　　　　（010）68948351（其他图书服务热线）
网　　址 / http：//www.bitpress.com.cn
经　　销 / 全国各地新华书店
印　　刷 / 北京地大彩印有限公司
开　　本 / 787 毫米 × 1092 毫米　1/16
印　　张 / 14.25　　　　　　　　　　　　　　责任编辑 / 封　雪
字　　数 / 270 千字　　　　　　　　　　　　　文案编辑 / 封　雪
版　　次 / 2019 年 4 月第 1 版　2019 年 4 月第 1 次印刷　责任校对 / 周瑞红
定　　价 / 68.00 元　　　　　　　　　　　　　责任印制 / 李志强

近感探测与毁伤控制技术丛书

编 委 会

总序

引信是武器系统终端毁伤控制的核心装置，其性能先进性对于充分发挥武器弹药系统的作战效能，并保证战斗部对目标的高效毁伤至关重要。武器系统对作战目标的精确打击与高效毁伤，对弹药引信的目标探测与毁伤控制系统及其智能化、精确化、微小型化、抗干扰能力与实时性等性能提出了更高要求。

依据这种需求背景撰写了《近感探测与毁伤控制技术丛书》。丛书以近炸引信为主要应用对象，兼顾军民两大应用领域，以近感探测和毁伤控制为主线，重点阐述了各类近感探测体制以及近炸引信设计中的创新性基础理论和主要瓶颈技术。本套丛书共9册：包括《近感探测与毁伤控制总体技术》《无线电近感探测技术》《超宽带近感探测原理》《近感光学探测技术》《电容探测原理及应用》《静电探测原理及应用》《新型磁探测技术》《声探测原理》和《无线电引信抗干扰理论》。

丛书以北京理工大学国防科技创新团队为依托，由我国引信领域知名专家崔占忠教授领衔，联合航天802所等单位的学术带头人和一线科研骨干集体撰写，总结凝练了我国近炸引信相关高等院校、科研院所最新科研成果，评述了国外典型最新装备产品并预测了其发展趋势。丛书是展示我国引信近感探测与毁伤控制技术有明显应用特色的学术著作。丛书的出版，可为该领域一线科研人员、相关领域的研究者和高校的人才培养提供智力支持，为武器系统的信息化、智能化提供理论与技术支撑，对推动我国近炸引信行业的创新发展，促进武器弹药技术的进步具有重要意义。

值此《近感探测与毁伤控制技术》丛书付梓之际，衷心祝贺丛书的出版面世。

超宽带概念起源于冲激无线电，超宽带无线电是 20 世纪 90 年代兴起的一门新技术，它与传统的无线电技术主要区别有两点：（1）超宽带信号的相对带宽较大，一般大于 25%；（2）超宽带无线电采取的是一种无载波的传输方式，它利用极窄脉冲实现信号传输。超宽带无线电的出现和发展给无线电引信带来了一个新的方向。超宽带无线电引信是一种基于时域电磁学的新原理引信，采用无载波技术，通过发射接收极窄脉冲信号进行目标探测和识别，具有定距精度高、抗干扰能力强、距离截止特性好、反隐身能力强等特点，有广泛的应用前景。

目前，国内在超宽带无线电引信设计和工程研制方面做了大量工作，但在理论研究方面所做工作较少，理论研究相对滞后。超宽带无线电的理论基础是时域电磁学，即从时域的角度研究超宽带信号的发射、传播、反射和接收等，而不是从传统的频域角度。因此，传统的无线电理论和方法用于超宽带无线电引信并十分不贴切。长期以来，由于基于载波的无线电理论占了统治地位，超宽带无线电理论研究进展很缓慢，超宽带无线电引信设计和工程研制缺乏理论支撑。

　　本书作者长期从事无线电引信领域的教学和科研工作，从 2005 年开始研究超宽带无线电引信，主持了多项超宽带无线电引信基础和产品研究项目，指导了多名博士和硕士研究生在超宽带无线电引信领域开展研究，撰写了多篇超宽带无线电引信方面的学术论文和研究报告。

　　本书是作者十几年来在超宽带无线电引信领域教学和科研工作的智慧结晶，首次比较全面系统地论述了超宽带无线电引信理论和关键技术。

　　本书重点介绍了超宽带无线电引信概念及特点，超宽带无线电引信基本原理和探测性能，超宽带信号的产生、辐射、传播、回波信号建模，超宽带信号接收，超宽带天线仿真与优化，超宽带无线电引信测试等理论和方法。书中所述内容既有理论性，又与工程实践紧密联系。

　　相信本书的出版，会给超宽带无线电引信领域的研究人员带来一些启发和帮助。

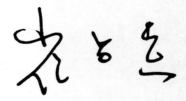

超宽带无线电引信是 20 世纪 90 年代兴起的一门新技术，国内外十分重视超宽带无线电引信的研究。超宽带无线电引信具有定距精度高、抗干扰能力强、距离截止特性好、反隐身能力强等特点，特别是其具备穿透烟雾、沙尘、云、雪、雨等而探测到目标的能力。因此，超宽带无线电引信有广泛的应用前景，已得到许多国家引信行业的重视。超宽带无线电引信作为一种新原理引信，其理论基础是时域电磁学，即从时域的角度研究超宽带信号的发射、传播、反射和接收等，区别于传统的频域角度。因此，超宽带无线电引信理论与通常的无线电引信有本质区别。目前超宽带无线电引信理论研究发展很缓慢，超宽带无线电引信优化设计乏理论和技术支撑。

近十余年来，作者主要从事超宽带无线电引信理论和技术研究工作，获得了相对系统的理论知识，积累了一些心得体会，愿以此书与同行、读者交流。本书的主要内容融入了作者多年的教学科研成果，也融入了作者多名博士、硕士研究生的工作成果，可以说，本书是课题组十余位师生多年来从事超宽带无线电引信理论与技术研究的集体智慧结晶。

本书比较全面系统地论述了超宽带无线电引信理论和关键技术，重点阐明了超宽带信号的产生、辐射、传播、回波信号建模，超宽带信号接收，超宽带天线仿真与优化，超宽带无线电引信测试等理论和方法。

全书共分7章。第1章绪论，主要介绍超宽带信号定义、超宽带无线电引信概念特点、发展现状及应用；第2章超宽带无线电引信基本原理，主要介绍超宽带无线电引信组成及模型、超宽带信号传播特性、时域多普勒效应、目标回波信号建模和超宽带无线电引信探测方程；第3章超宽带无线电引信探测性能，主要介绍超宽带信号的模糊函数、超宽带无线电引信测距精度和抗干扰性能；第4章超宽带无线电引信发射机，主要介绍超宽带引信发射机组成及原理、超宽带信号产生原理、基于阶跃恢复二极管的超宽带信号产生和基于雪崩三极管的超宽带信号产生；第5章超宽带无线电引信接收机，主要介绍超宽带无线电引信接收机原理、基于取样积分的超宽带无线电引信接收机设计、取样积分微分电路数学建模、基于时域数学模型的电路仿真方法和基于取样积分的超宽带无线电引信接收机抗干扰性能；第6章超宽带引信天线，主要介绍超宽带天线概念及主要参数、常用超宽带天线、平面三角形对称振子天线原理和三角形对称振子天线仿真；第7章超宽带无线电引信测试，主要介绍超宽带无线电引信测试原理、超宽带无线电引信回波信号产生技术和超宽带无线电引信回波信号动态加载技术。本书由黄忠华、李银林著。闫岩博士、沈磊博士、李萌博士、王超硕士、郑俊花硕士、郭波涛硕士、李红果硕士等的工作成果为本书提供了支撑，王之骐博士、徐源硕士、段传旭硕士、陶志刚硕士、杨兵硕士在书稿校对方面做了大量工作。在此向他们表示诚挚的谢意！

由于作者水平有限，书中难免有不妥或错误之处，敬请专家和读者批评指正。

作　者

目 录

CONTENTS

第1章 绪 论

1.1 超宽带信号定义

1989 年，美国国防部第一次提出超宽带（ultra wideband，UWB）的定义，它是根据信号相对带宽定义的，如果信号相对带宽即信号带宽与中心频率之比大于 25%，则这个信号就是超宽带信号。其中相对带宽定义为

$$\eta = \frac{2(f_{\mathrm{H}} - f_{\mathrm{L}})}{f_{\mathrm{H}} + f_{\mathrm{L}}} \tag{1.1}$$

式中：f_{H} 和 f_{L} 分别为能量功率谱密度（ESD）的最高频率与最低频率（按 -10 dB 计算）。

2002 年 2 月 14 日，美国联邦通信委员会（FCC）批准了超宽带技术的民用，UWB 信号被定义为相对带宽（信号带宽与中心频率的比）大于 20% 或带宽大于 500 MHz 的信号。这个定义与 1989 年美国国防部提出的定义相比，扩大了超宽带定义的范围。图 1.1 所示为 UWB 信号的时域波形和对应的频域波形。

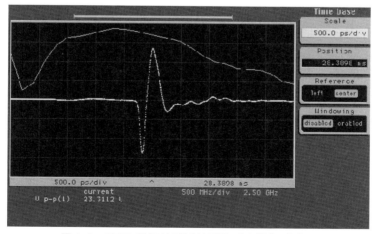

图 1.1　UWB 信号的时域波形和对应的频域波形

超宽带概念起源于冲激无线电（impulse radio，IR）技术，在超宽带技术研究的早

期，该技术也被称为"无载波"（carrier – free）、"基带"（baseband）、"冲激"（impulse）。"超宽带"是从信号带宽的角度定义无线电信号的，没有指明相应的实现方式；"冲激无线电"是从技术实现的角度定义无线电信号的。

超宽带无线电技术是20世纪90年代兴起的一门新技术，它与传统的无线电技术不同。主要区别有两点：①超宽带信号的带宽远大于中心频率，即相对带宽较大；②超宽带技术采取的是一种无载波的传输方式，它利用极窄脉冲（小于几个纳秒）来进行传输。

1.2　超宽带无线电引信概念及特点

超宽带无线电技术的出现和发展给无线电引信带来了一个新的方向。从20世纪90年代至今，超宽带无线电引信的概念也出现了不同的提法：基带（雷达）引信、冲激（雷达）引信和超宽带无线电引信。

基带（雷达）引信的概念是强调这种引信采用无载波方式进行探测，区别于传统的基于载波的无线电引信。

冲激（雷达）引信的概念是从引信发射信号的时域特征和技术实现的角度提出来的，发射信号很窄，接近冲激信号。

超宽带无线电引信的概念是从引信发射信号的频域特征的角度提出来的。发射信号时域很窄，频域很宽。

超宽带无线电引信最突出的特点是定距精度高、抗干扰能力强。

1. 定距精度高，可实现多档精确起爆控制

由于超宽带无线电引信发射的脉冲宽度极窄，其目标分辨率很高。目标分辨率正比于发射信号的脉冲宽度，即

$$\Delta D = CW/2 \tag{1.2}$$

式中：ΔD 为分辨率；W 为脉宽；C 为光速。

例如，当脉冲宽度为1 ns时，测距误差仅为0.15 m。

超宽带无线电引信是利用接收信号与发射信号的相关性进行定距的，收发信号相关函数峰值位置只与收发延迟时间有关，与弹丸落速、落角和地面反射系数无关。引信接收机输出的目标信号如图1.2所示。

超宽带无线电引信收发延迟时间与弹目距离一一对应，通过调整收发延迟时间，可以调整引信的炸高。

2. 抗干扰能力强

超宽带无线电引信的抗干扰能力主要体现在两个方面：一是超宽带信号隐蔽性好、抗截获能力强、很难被敌方侦测；二是超宽带无线电引信采用收发相关技术，通过编

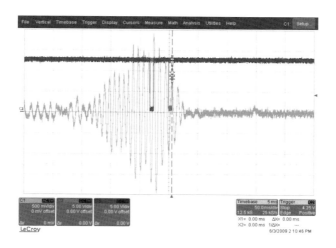

图 1.2 引信接收机输出的目标信号

码使引信收发信号相关性增强，很难被敌方干扰。

超宽带无线电引信发射的脉冲宽度极窄，其占空比很小，通常为 1/1 000，所以其平均功率很小，功耗亦很低，信号被隐蔽在环境噪声和其他信号中，这必然使该项技术具有低截获能力（low probability of detection，LPD）的优点。在几百米的距离外，引信信号功率远低于噪声的功率，敌方的引信干扰机很难侦测到超宽带无线电引信发射信号。超宽带无线电引信发射信号脉宽很窄，频谱很宽，类似噪声的频谱，敌方的引信干扰机很难将引信信号与噪声区分开。超宽带无线电引信一般采用跳时（time hopping，TH）扩频技术，在不知道发射端扩频码的条件下，敌方的引信干扰机很难解调出引信发射信号的数据信息。

超宽带无线电引信采用收发相关技术，对非相关信号具有很强的抑制能力。具体方法是将发射信号延迟作为取样信号，利用目标回波信号与取样脉冲的相关性，采用相干叠加技术，将淹没在强噪声中的微弱信号复现出来，达到抑制噪声、提取目标信号的目的。噪声调频和高斯白噪声干扰下超宽带无线电引信接收机输出信号如图 1.3 和图 1.4 所示。

与其他近炸引信相比，超宽带无线电引信还具有距离截止特性好、穿透性强的特点。

目前，超宽带无线电引信的发射信号脉冲宽度约为 200 ps，取样脉冲宽度约为 1 ns，发射信号与取样信号的相关函数曲线很陡，超宽带无线电引信具有距离截止特性好的特点，这一特点使得超宽带无线电引信具有抗地杂波、海杂波的能力，可以应用到掠地、掠海飞行的武器系统中。

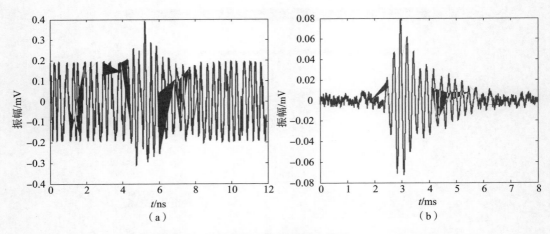

图 1.3　噪声调频干扰下取样积分电路输出信号（SNR$_{in}$ = −10 dB）

（a）叠加噪声调频干扰的地面回波信号；（b）电路输出信号

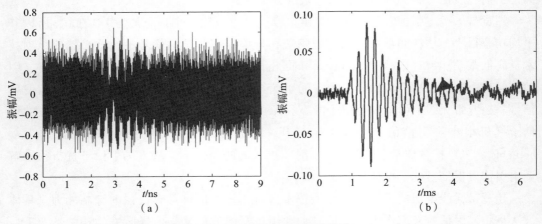

图 1.4　高斯白噪声干扰下取样积分电路输出信号（SNR$_{in}$ = −10 dB）

（a）叠加高斯白噪声的地面回波信号；（b）电路输出信号

　　超宽带无线电引信的发射信号频谱很宽，并含有丰富的低频分量，因而具有很强的穿透烟雾、沙尘、云、雪、雨等而探测到目标的能力，只有在大雨情况下，性能略有影响。美国第 49 届引信年会中，有一篇论文研究了烟雾、沙尘、云、雪、雨等对超宽带无线电引信的影响。其中，烟雾、沙尘、云、雪、小雨等对引信基本没有影响，大雨时略有影响。不同气象环境对超宽带引信的影响如图 1.5 所示。

　　在 4 in①/h 的降雨条件下，探测距离 100 m，双程（200 m）损耗 2.6 dB。一般情况下，引信炸高远小于 100 m，可以这样折算，引信炸高 10 m，损耗约 3%；引信炸高

_____

　　①　1 in（英寸）= 2.54 cm。

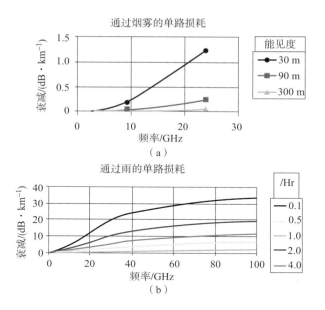

图 1.5　不同气象环境对超宽带引信的影响

（a）烟雾对超宽带引信的影响；（b）雨对超宽带引信的影响

5 m，损耗约 1.5%。炸高越低，损耗越小。超宽带无线电引信的工作频率为 1 ～ 5 GHz，炸高 10 m 时，损耗约 0.6%。因此，超宽带无线电引信的性能基本不受气候和战场环境的影响。

1.3　超宽带无线电引信技术发展

超宽带信号的理论研究源于 20 世纪 60 年代。80 年代美国科学家 Henning F. Harmuth 发表的《非正弦波雷达与无线电通信》《非正弦波天线与波导》《非正弦电磁波的传播》等著作奠定了超宽带探测系统的理论基础。超宽带雷达按作用距离可分为近距离超宽带雷达（作用距离几米至几十米）和远距离超宽带雷达（作用距离为几千米至几十千米）。远距离超宽带雷达与近距离超宽带雷达不论在发射理论、接收理论还是在信号处理方面都存在很大差别，这里主要针对超宽带无线电引信技术相关的窄脉冲产生技术、超宽带信号接收技术和超宽带天线等发展现状进行介绍。

1.3.1　窄脉冲产生技术发展现状

超宽带无线电引信窄脉冲产生技术通过极快速开关器件对储能元件充放电实现，极快速开关器件包括雪崩三极管和阶跃恢复二极管。衡量超宽带脉冲性能的主要参数有：脉冲峰值幅度、脉冲宽度和脉冲的重复频率。

雪崩三极管窄脉冲产生电路如图 1.6 所示，雪崩三极管产生雪崩效应时集电结电流增益增大到正常运用的 M 倍，M 为雪崩倍增因子，三极管处于雪崩状态时通过雪崩电容和负载电阻快速充放电产生窄脉冲信号。利用雪崩晶体管脉冲产生电路可以获得幅值为数十伏量级而脉冲宽度小于 1 ns 的窄脉冲，还可通过晶体管级联方式得到上千伏的输出脉冲幅值，用于远距离超宽带通信技术。

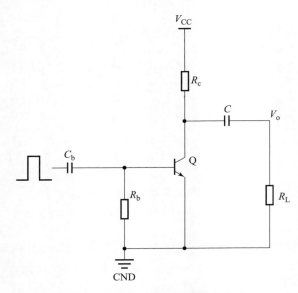

图 1.6　雪崩三极管窄脉冲产生电路

利用雪崩三极管产生的窄脉冲信号满足超宽带无线电引信窄脉冲幅度要求，却很难减小脉冲宽度，可通过阶跃恢复二极管对产生的窄脉冲上升沿进行锐化，以达到减小脉冲宽度的目的。

利用阶跃恢复二极管截止过程的阶跃恢复特性产生用于超宽带无线电引信的窄脉冲信号，窄脉冲宽度和幅度受电路参数与二极管参数影响。北京理工大学周建明等根据阶跃恢复二极管截止过程二极管 N 层电荷密度变化，如图 1.7 所示，将阶跃恢复二极管工作过程分为三个阶段，建立了阶跃恢复二极管等效模型，如图 1.8 所示，提出了利用待定系数法求解阶跃恢复二极管模型中的可变电容。研究结果给出了二极管等效电容与二极管电压关系，但不能进一步分析二极管参数对窄脉冲波形的影响。

美国密西根大学 Seunghyun Oh 和 David D. Wentzloff 采用双阶跃恢复二极管设计制作了窄脉冲产生电路，研究了阶跃恢复二极管正偏电流对窄脉冲幅度和宽度的影响。双阶跃恢复二极管窄脉冲产生电路如图 1.9 所示，研究表明 SRD1 锐化负脉冲信号下降沿，SRD2 锐化负脉冲信号上升沿，影响负脉冲信号宽度。

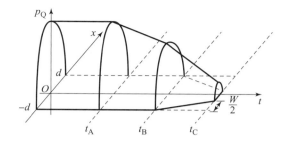

图 1.7　阶跃恢复二极管 N 层电荷密度

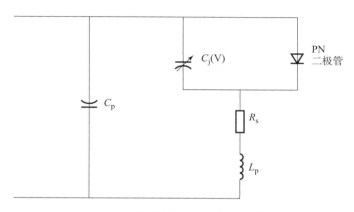

图 1.8　阶跃恢复二极管等效模型

中科院电子研究所采用阶跃恢复二极管和雪崩三极管设计平衡式窄脉冲发生器可以产生峰值 36 V、脉宽 250 ps 的窄脉冲信号，如图 1.10 所示。

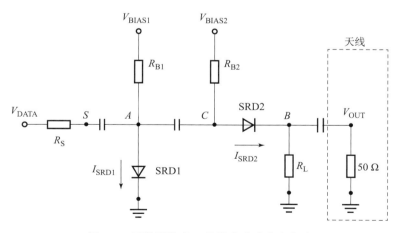

图 1.9　双阶跃恢复二极管窄脉冲产生电路

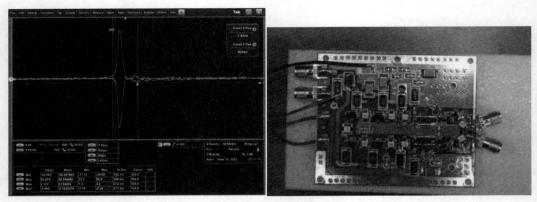

图 1. 10　平衡式脉冲产生器输出波形及电路板

　　其他相关单位在窄脉冲产生技术上也有许多研究成果,桂林电子工业学院的陈振威等在实验中得到了脉冲幅度 393.4 mV、脉宽 980 ps 的窄脉冲信号。南京邮电大学无线通信与电磁兼容实验室的范琨等利用结构比较简单的阶跃恢复二极管电路得到了幅度 7 V、脉宽约 1.5 ns 的脉冲信号。南京邮电大学的程勇等采用阶跃恢复二极管和微带延迟线形式的电路得到了脉宽约 1 ns、幅度达 10.4 V 的脉冲信号。上海航天技术研究院 802 所对引信上适用的超宽带窄脉冲产生电路也做了一些研究。

　　基于阶跃恢复二极管产生的窄脉冲波形受阶跃恢复二极管参数影响,半导体器件理论可用于研究阶跃恢复二极管参数对窄脉冲波形影响。半导体器件理论基于二极管内部结构,从微观粒子角度分析二极管正偏和反偏工作状态,可用于建立阶跃恢复二极管等效模型,研究阶跃恢复二极管参数对二极管导纳、势垒电容和电流的影响。根据阶跃恢复二极管等效模型建立窄脉冲产生电路模型,借助电路时域分析方法研究电路参数和二极管参数对窄脉冲幅度与宽度的影响。

1. 3. 2　超宽带信号接收技术发展现状

　　对于超宽带探测系统,不同的目标具有不同的回波特征,很难实现回波信号的匹配滤波。在国内外小型超宽带探测系统中,对超宽带信号的接收方法主要可分为相关接收和非相关接收两大类。

　　美国时域(Time Domain)公司在专利 USP7417582B2 中介绍的超宽带无线电引信使用的是相关接收定距方法,原理框图如图 1.11 所示。引信发射信号是频带为 4 ～ 6 GHz 的高斯调制窄脉冲,利用一个超宽带天线完成对超宽带信号的发射和接收,天线接收到目标回波信号后,将回波信号与模板信号通过乘法器相乘,经过积分后就完成了对回波信号的相关处理,其中模板信号可以为单极脉冲、脉冲信号的上升沿或下降沿。

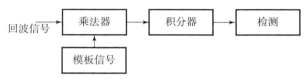

图 1.11 时域公司接收机原理框图

美国时域公司的超宽带信号接收方法采用的是互相关接收原理，本地参考信号采用的是简单固定信号，目标回波信号与本地参考信号并不匹配，由此将导致幅度和时延估计的性能下降。在超宽带相关接收中另一种较常见的方法是自相关接收，将回波信号经过滤波和延时后，与下一周期的回波信号进行相关处理。采用这种相关接收方法的模板信号为带噪信号，接收机的性能会随着信号质量的恶化而下降。为解决相关模板中噪声对接收机性能的影响，可采用最大似然算法从接收信号中估计本地相关函数来提高自相关接收机的性能。

美国劳伦斯·利弗莫尔国家实验室发明的 MIR（微功率冲激雷达）运动探测器利用的是取样积分原理，对回波信号进行积累平均，具体电路在专利 USP5345471 中给出了详细说明，接收电路如图 1.12 所示。专利中指出，这种接收电路具有造价低（小于10 美元）、体积小、灵敏度高（1 mV）、抗干扰性能好等优点，可用于接收高重复频率（10 MHz）的超宽带信号。

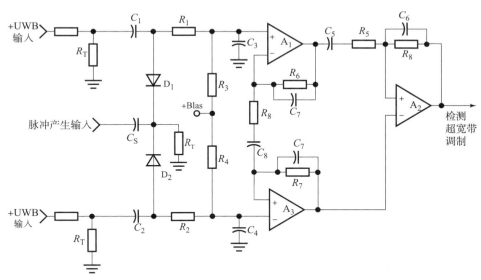

图 1.12 MIR 运动探测器接收电路

法国南巴黎电信学院的 Muriel Muller 和 Ghalid I. Abib 利用超宽带信号时域延迟采样和相关原理设计制作了探测人体呼吸胸部位移探测器。在远离目标 0.3 m 的距离上可探测到人体胸部 1.3 cm 的移动，探测器结构如图 1.13 所示。

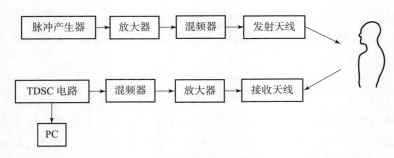

图 1.13   人体呼吸胸部位移探测器结构

清华大学高晋占分析了指数型取样积分电路工作过程，研究了指数型取样积分电路频率响应特性，电路频域幅度响应是一个幅度服从取样函数规律的离散频域窗。指出对于污染噪声是白噪声的情况，指数式取样积分可以达到的信噪改善比与取样门宽度 T_g 和积分时间常数 T_c 关系为

$$\mathrm{SNIR} = \sqrt{\frac{2T_c}{T_g}} \tag{1.3}$$

空军工程大学导弹学院付红卫等研究了取样脉冲宽度对冲激引信回波信噪比的影响，研究表明取样脉宽在一定范围内可以保证对回波有足够积累，达到充分保留信号高频分量、提高信噪比的目的。

中国科学技术大学的王俊博士提出了一种基于峰值检测的非相关接收方法，该方法可降低系统对定时精度的要求。其基本思想是将回波信号进行放大、滤波后通过隧道二极管进行峰值检测，检波后的信号包络经门限比较以及脉冲延展电路后，就可以采用较低的采样频率对信号进行采样。

南京理工大学光电工程学院提出一种基于离散小波变换的超宽带无线电引信信号处理方法，如图 1.14 所示。以最小均方误差为准则，首先用离散小波变换分解发射脉冲和回波信号，然后建立目标距离和速度有关高阶离散小波变换的信息，最后产生起爆信号驱动执行级。仿真结果表明这种方法可以有效减少信号处理的数据量而不影响测量，可以很好地应用于实时处理和工程应用。

1.3.3   超宽带天线发展现状

早期研究中具有宽带特性的天线主要包括双锥天线（图 1.15）、单锥天线、盘锥天线、球形天线、全向和定向喇叭天线等，这些天线都是三维结构。20 世纪 50 年代美国伊利诺伊大学 Ramsey 等提出了两种与频率无关的天线：螺旋天线和对数周期天线，但由于该种天线没有稳定的相位中心，容易导致发射脉冲波形失真，只能算频域而非时域意义上的超宽带天线。近年来出现了许多新型超宽带平面天线，主要可归纳为三类：超宽带平面单极天线、超宽带印刷单极天线和超宽带印刷缝隙天线。常见的天线辐射

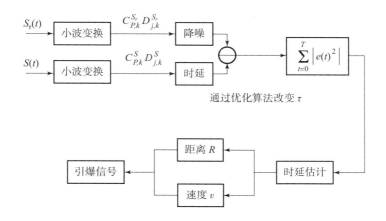

图 1.14 基于离散小波变换的超宽带无线电引信信号处理算法

单元形状有圆形、椭圆形、方形、蝴蝶形等。已设计出的超宽带缝隙天线有蝶形缝隙天线、矩形缝隙天线、圆形缝隙天线、椭圆形缝隙天线、三角形缝隙天线、分形缝隙天线等。

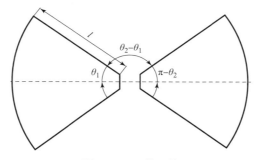

图 1.15 双锥天线

超宽带无线电引信天线采用平面三角形对称振子结构，常用分析天线特性的数值方法包括有限元法、矩量法和时域有限差分法。

有限元法作为一种高频方法，是从电磁场波动方程出发，根据散射体所满足的边界条件求解边值问题的一类数值计算方法。在有限元法求解天线的电磁辐射与散射问题时，应将网格界定在有限区域内。因而需要在有限区域的边界上引入吸收边界条件，模拟无限远区域。

矩量法是一种经典的解非线性方程组的方法，是计算电磁学中最重要的数值方法。分析微带天线的矩量法分两种：一种是基于分层介质的格林函数矩量法，该方法只需对天线结构进行划分，所需要的未知量少，计算省时；另一种是基于自用空间的格林函数矩量法，该方法不需处理格林函数，操作简单，但所需要的未知数多，计算量大。

时域有限差分法是由有限差分法发展而来的，直接由麦克斯韦方程对电磁场问题进行计算机模拟求解的一种数值算法。时域有限差分法的模拟只能限于有限空间，为了获得计算域以外的散射或辐射场，必须借助等效原理应用计算区域内的近场数据实现计算区域以外远场的外推。

针对平面三角形对称振子天线的研究，北京理工大学沈磊、郑俊花等借助双锥天线研究天线输入阻抗与天线振子张角和电长度的关系，推导天线输入阻抗表达式，研究平面三角形对称振子天线频域特性。

美国罗格斯大学无线信息网络实验室 Lu Guofeng 提出将平面三角形对称振子天线简化为多个线性单元叠加的模型，研究平面三角形对称振子天线辐射特性，引入频率调节函数对不同频率的天线辐射矢量进行修正，通过仿真对比验证了模型的有效性。针对平面三角形对称振子天线，Lu Guofeng 根据收发天线传递函数，以接收机输出信噪比为衡量准则，研究天线方向角对接收机输出信噪比的影响。

1.4　超宽带无线电技术的应用

美国、英国、俄罗斯在近距离超宽带无线电技术方面展开了大量而深入的工作，在探地雷达、穿墙雷达、医用检测雷达、防撞雷达、建筑物防入侵、反恐雷达等领域都取得了成功的应用。

莫斯科航空学院研制的一种近距离人体探测雷达，利用人体呼吸和胸膛起伏所引起的脉冲重复频率的变化来实现人体探测，实物图如图 1.16 所示。该系统峰值功率为 0.4 W，平均功率为 240 μW，脉冲宽度为 250～300 ps，中心频率为 1 GHz，脉冲重复周期为 2 MHz，探测距离为 0.1～3 m，测距精度为 0.5 m，接收机灵敏度为 −77 dBm。

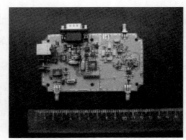

图 1.16　俄罗斯超宽带人体探测实物图

此外，莫斯科航空学院还研制了一种动目标探测雷达，发射峰值功率 10 W，平均功率为 8.4 mW，探测距离为 300 m，距离分辨率为 41 cm，测速范围为 0.2～10 m/s，并将其用于火车调度和森林中人体探测，实物图以及雷达接收信号如图 1.17 所示。

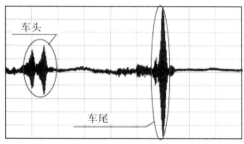

（a）

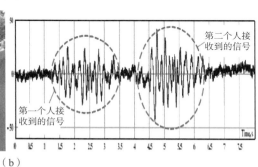

（b）

图 1.17　俄罗斯动目标探测实物图以及雷达接收信号

（a）火车调度；（b）森林中人体探测

美国劳伦斯·利弗莫尔国家实验室于 1993 年研制出一种微功率冲激雷达，并申请了一系列专利，如 USP5757320、USP5457394、USP5361070、USP5512834、USP5832772、USP5523760、USP5345471 等。该 MIR 可选用偶极子天线、背腔单极子天线或喇叭天线以获得不同的天线方向图，满足不同的应用需求，发射信号中心频率有 1.95 GHz 和 6.5 GHz 两种，信号带宽为 500 MHz（1.95 GHz 系统），脉冲重复频率可采用高斯噪声或伪噪声编码，平均重复频率 2 MHz，接收波门宽度为 250 ps（1.95 GHz 系统），系统探测距离为 2 in ~20 ft①，平均发射功率小于 1 μW，整个电路集成到一块 1.5 in^2 的芯片上，正常电源模式下使用 5 V、8 mA 电源，长寿命电源模式下使用 2.5 V、20 μA 电源。美国劳伦斯·利弗莫尔国家实验室在其专利 USP5361070 中，还描述了一种 MIR 运动探测器，该探测器可探测到预定位置处的运动目标，MIR 运动探测器如图 1.18 所示。专利中还特别指出，由于采用偶极子天线，天线辐射信号会出现振铃现象，天线辐射信号波形如图 1.19 所示。

---

①　1 ft（英尺）=0.304 8 m。

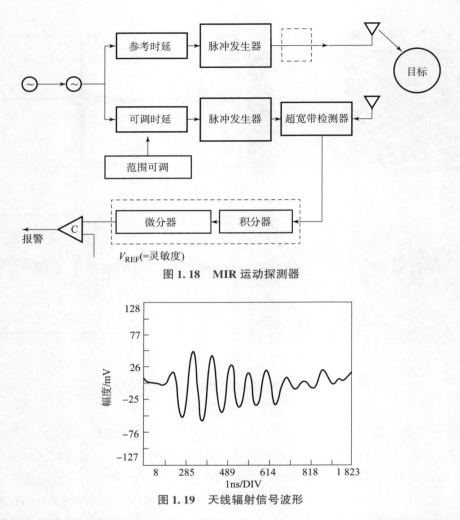

图 1.18　MIR 运动探测器

图 1.19　天线辐射信号波形

　　美国时域公司在超宽带探测方面也做出了大量工作，包括超宽带信号的产生、辐射及超宽带信号的接收，并申请了一系列发明专利，如 USP5952956、USP5969663、USP7417582B2 等，其最新研制产品 PulsON 400 超宽带传感器，集成在一块 3 in × 3 in 的电路板上，发射信号中心频率为 4.3 GHz，带宽 2.2 GHz，采用环形偶极子天线，距离分辨率为 20 mm，对车辆和行人的探测距离为 90 m，对缓慢移动的人的探测距离为 45 m。

　　美国时域公司将超宽带探测技术移植到了近炸引信上，在美国第 49 届引信年会上，介绍了一种用于非致命性 40 mm 枪榴弹的超宽带无线电引信，如图 1.20 所示。

　　Multispectral Solutions 公司为美国陆军导弹指挥部研制了一种工作在 X 波段的超宽带无线电引信，引信采用微带天线，工作带宽 2.5 GHz，中心频率为 10 GHz，距离分辨率为 6 in，平均发射功率小于 85 nW，主要用在中小口径弹药及小型武器上，如图 1.21 所示。

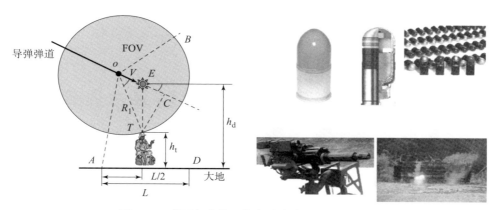

图 1.20 装配超宽带无线电引信的 40 mm 枪榴弹

图 1.21 X 波段超宽带无线电引信

第2章 超宽带无线电引信基本原理

2.1 超宽带无线电引信组成及模型

2.1.1 超宽带无线电引信组成

超宽带无线电引信由脉冲振荡电路、窄脉冲产生电路、延迟电路、取样脉冲产生电路、相关接收电路、信号处理电路、执行电路和收发天线等组成，原理框图如图2.1所示。

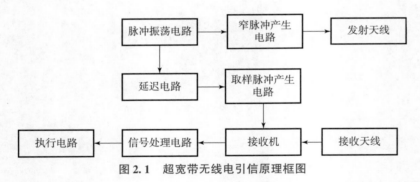

图 2.1 超宽带无线电引信原理框图

超宽带无线电引信的工作过程是：脉冲振荡电路产生的触发信号分成两路，一路触发窄脉冲产生电路产生纳秒级的窄脉冲，经超宽带天线发射出去；另一路经过某一预定延迟后，触发取样脉冲产生电路产生取样脉冲，相当于引信接收电路中的距离门。当弹目之间的距离为引信预定炸高时，取样脉冲对回波信号进行取样，目标回波信号才能经超宽带接收天线送到接收机中，接收机输出检波信号经放大后送到信号处理电路，满足预定条件时，信号处理电路输出启动信号，使引信起爆。

通过调整延迟电路的延迟时间，可以控制引信的炸高，如延迟时间为 20 ns 时，炸高为 3 m；延迟时间为 60 ns 时，炸高为 9 m。

超宽带无线电引信常用的调制方式为脉冲位置调制（PPM），是根据调制信息来改变超宽带信号脉冲位置的一种调制方式。当调制数据为 0 时，脉冲信号位置保持不变；当调制数据为 1 时，脉冲信号相对于原脉冲位置偏移位置 ε。

当调制信息 $b_k \in \{0,1\}$ 时，PPM 调制信号的数学表达式为

$$s(t) = \sum_{k=-\infty}^{\infty} p(t - kT - b_k\varepsilon) = p(t) \cdot \sum_{k=-\infty}^{\infty} \delta(t - kT - b_k\varepsilon) \tag{2.1}$$

式中：$p(t)$ 为单个脉冲信号；T 为脉冲周期；ε 为脉冲位置偏移量。

2.1.2　超宽带无线电引信模型

超宽带无线电引信收发机工作流程如图 2.2 所示。

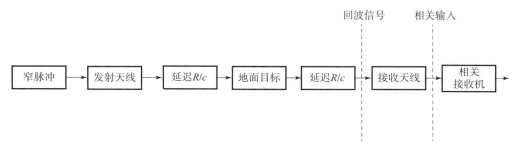

图 2.2　超宽带无线电引信收发机工作流程

图中：R 为引信天线到地面的距离；延迟 R/c 为引信信号从天线到地面的延迟时间；c 为电磁波速度。

设引信发射天线单位冲激响应为 $h_t(t, \theta, \phi)$，地面目标单位冲激响应为 $h_g(t, \theta, \phi)$，引信接收天线的单位冲激响应为 $h_r(t, \theta, \phi)$。

定义超宽带无线电引信回波信号为反射后回到引信接收天线处的信号，可得超宽带无线电引信回波信号为

$$\begin{aligned} y_r(t) &= s(t) \cdot h_t(t,\theta,\phi) \cdot \delta\left(t - \frac{R}{c}\right) \cdot h_g(t,\theta,\phi) \cdot \delta\left(t - \frac{R}{c}\right) \\ &= s(t) \cdot h_t(t,\theta,\phi) \cdot \delta\left(t - \frac{2R}{c}\right) \cdot h_g(t,\theta,\phi) \\ &= s\left(t - \frac{2R}{c}\right) \cdot h_t(t,\theta,\phi) \cdot h_g(t,\theta,\phi) \end{aligned} \tag{2.2}$$

将式（2.1）代入式（2.2）中，回波信号可变为

$$y_r(t) = p(t) \cdot \sum_{k=-\infty}^{\infty} \delta\left(t - kT - b_k\varepsilon - \frac{2R}{c}\right) \cdot h_t(t,\theta,\phi) \cdot h_g(t,\theta,\phi) \tag{2.3}$$

超宽带无线电引信一般采用基于取样积分的相关接收技术，接收机输入为

$$\begin{aligned} u(t) &= y_r(t) \cdot h_r(t,\theta,\phi) \\ &= p(t) \cdot \sum_{k=-\infty}^{\infty} \delta\left(t - kT - b_k\varepsilon - \frac{2R}{c}\right) \cdot h_t(t,\theta,\phi) \cdot h_g(t,\theta,\phi) \cdot h_r(t,\theta,\phi) \end{aligned}$$
$$\tag{2.4}$$

发射脉冲延迟 $s_d(t)$ 为

$$s_{\mathrm{d}}(t) = s\left(t - \frac{2H}{c}\right)$$

$$= \sum_{k=-\infty}^{\infty} p\left(t - kT - b_k\varepsilon - \frac{2H}{c}\right) = p(t) \cdot \sum_{k=-\infty}^{\infty} \delta\left(t - kT - b_k\varepsilon - \frac{2H}{c}\right) \quad (2.5)$$

式中：H 为预设炸高。

如果不考虑多普勒效应，可得超宽带无线电引信接收机相关输出为

$$R(t) = \int_{-\infty}^{+\infty} s_{\mathrm{d}}(\tau) \cdot u(\tau - t)\mathrm{d}\tau$$

$$= \int_{-\infty}^{+\infty} s_{\mathrm{d}}(\tau) \cdot u\left(\tau - \frac{2R}{c}\right)\mathrm{d}\tau$$

$$= \int_{-\infty}^{+\infty} p(\tau) \cdot \sum_{k=-\infty}^{\infty} \delta\left(t - kT - b_k\varepsilon - \frac{2H}{c}\right) \cdot p(\tau) \cdot \sum_{k=-\infty}^{\infty} \delta\left(t - kT - b_k\varepsilon - \frac{2R}{c}\right) \cdot$$

$$h_{\mathrm{t}}(t,\theta,\phi) \cdot h_{\mathrm{g}}(t,\theta,\phi) \cdot h_{\mathrm{r}}(t,\theta,\phi)\mathrm{d}\tau$$

$$= \int_{-\infty}^{+\infty} p(\tau) \cdot p(\tau) \cdot \sum_{k=-\infty}^{\infty} \delta\left(t - kT - b_k\varepsilon - \frac{2H}{c}\right) \cdot \sum_{k=-\infty}^{\infty} \delta\left(t - kT - b_k\varepsilon - \frac{2R}{c}\right) \cdot$$

$$h_{\mathrm{t}}(t,\theta,\phi) \cdot h_{\mathrm{g}}(t,\theta,\phi) \cdot h_{\mathrm{r}}(t,\theta,\phi)\mathrm{d}\tau$$

$$= \int_{-\infty}^{+\infty} p(t) \cdot p(t) \cdot \delta\left(\frac{2R}{c} - \frac{2H}{c}\right) \cdot h_{\mathrm{t}}(t,\theta,\phi) \cdot h_{\mathrm{g}}(t,\theta,\phi) \cdot h_{\mathrm{r}}(t,\theta,\phi)\mathrm{d}\tau \quad (2.6)$$

因

$$\delta\left(\frac{2R}{c} - \frac{2H}{c}\right) = \begin{cases} 1, & R = H \\ 0, & R \neq H \end{cases} \quad (2.7)$$

当 $\dfrac{2R}{c} = \dfrac{2H}{c}$，即 $R = H$ 时，超宽带无线电引信接收机相关输出信号幅度最大。

2.2　超宽带信号传播特性

2.2.1　超宽带信号时频域表示

采用高斯二阶导函数模拟超宽带无线电引信发射的窄脉冲信号，高斯二阶导函数表达式为

$$G(t) = \frac{t^2 - \sigma^2}{\sqrt{2\pi}\sigma^5}\mathrm{e}^{-\frac{t^2}{2\sigma^2}} = \frac{t^2 - (kw_{\mathrm{p}})^2}{\sqrt{2\pi}(kw_{\mathrm{p}})^5}\mathrm{e}^{-\frac{t^2}{2(kw_{\mathrm{p}})^2}} \quad (2.8)$$

式中：σ 为高斯信号的均方差，控制了脉冲的有效宽度，也称脉宽因子；w_{p} 为脉冲宽度，脉宽因子可表示为 $\sigma = kw_{\mathrm{p}}$。

高斯二阶导函数的功率谱密度表示为

$$p_{G}(f) = (2\pi f)^{4}\mathrm{e}^{-(2\pi f\sigma)^{2}} = (2\pi f)^{4}\mathrm{e}^{-(2\pi fkw_{p})^{2}} \tag{2.9}$$

脉冲宽度分别为 50 ps、100 ps 和 200 ps 的窄脉冲幅度归一化时域波形如图 2.3 所示，对应的归一化功率谱密度如图 2.4 所示。

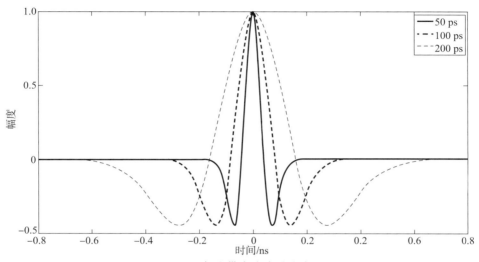

图 2.3　超宽带窄脉冲时域波形

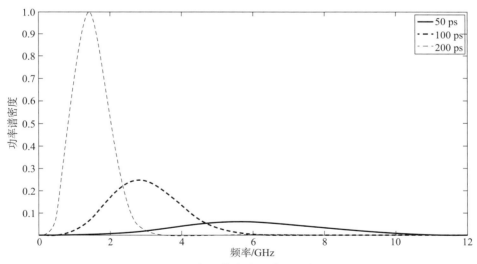

图 2.4　超宽带窄脉冲功率谱密度

2.2.2　超宽带信号自由空间传播衰减特性

麦克斯韦方程描述了场源及其所产生的电磁场之间的关系。麦克斯韦方程的时域形式为

$$\nabla \times \boldsymbol{H} = \frac{\partial \boldsymbol{D}}{\partial t} + \boldsymbol{J}$$

$$\nabla \times \boldsymbol{E} = \frac{\partial \boldsymbol{B}}{\partial t}$$

$$\nabla \cdot \boldsymbol{B} = 0$$ (2.10)

$$\nabla \cdot \boldsymbol{D} = \rho$$

式中：$\boldsymbol{J}$ 和 ρ 分别为电流密度和电荷密度等源项；$\boldsymbol{E}$、$\boldsymbol{H}$、$\boldsymbol{D}$ 和 $\boldsymbol{B}$ 分别为上述源分布所产生的电场强度、磁场强度、电通密度和磁通密度等场矢量。在均匀各向同性介质中，上述四个电磁场矢量满足如下关系：

$$\boldsymbol{B} = \mu_0 \boldsymbol{H}$$

$$\boldsymbol{D} = \varepsilon_0 \boldsymbol{E}$$ (2.11)

式中：μ_0 和 ε_0 分别为介质的介电常数和磁导率，它们描述了介质的电特性。

电流密度和电荷密度满足电流连续性方程：

$$\nabla \cdot \boldsymbol{J} + \frac{\partial \rho}{\partial t} = 0$$ (2.12)

时谐电磁场的时间函数表示为 $e^{j\omega t}$，则麦克斯韦方程的频域表达式为

$$\nabla \times \boldsymbol{H} = j\omega \varepsilon_0 \boldsymbol{E} + \boldsymbol{J}$$

$$\nabla \times \boldsymbol{E} = -j\omega \mu_0 \boldsymbol{H}$$

$$\nabla \cdot \boldsymbol{B} = 0$$

$$\nabla \cdot \boldsymbol{D} = \rho$$ (2.13)

电流连续方程的频域表达式为

$$\nabla \cdot \boldsymbol{J} + j\omega\rho = 0$$ (2.14)

已知天线电流密度 $\boldsymbol{J}$ 或电荷密度 ρ，由麦克斯韦方程组直接求得空间电场 $\boldsymbol{E}$ 和磁场 $\boldsymbol{H}$ 分布非常困难，为便于求解，引入矢量位 $\boldsymbol{A}$ 和标量位 φ。由矢量分析，对矢量场，有旋无散，即

$$\nabla \cdot (\nabla \times \boldsymbol{A}) \equiv 0$$ (2.15)

令

$$\boldsymbol{B} = \nabla \times \boldsymbol{A}$$ (2.16)

由麦克斯韦方程得

$$\nabla \times \boldsymbol{E} = -j\omega \boldsymbol{B}$$

$$\nabla \times (\boldsymbol{E} + j\omega \boldsymbol{A}) = 0$$ (2.17)

由矢量分析，对标量场，有位无旋，即

$$\nabla \times \nabla \varphi \equiv 0$$ (2.18)

令

$$\boldsymbol{E} + j\omega \boldsymbol{A} = -\nabla \varphi$$ (2.19)

由此可得

$$E = -\nabla\varphi - \mathrm{j}\omega A \tag{2.20}$$

将式（2.16）和式（2.20）代入麦克斯韦方程得

$$\nabla \times \nabla \times A = \mu J + \mathrm{j}\omega\varepsilon_0\mu_0(-\nabla\varphi - \mathrm{j}\omega A) \tag{2.21}$$

利用恒等式

$$\nabla \times \nabla \times A = \nabla(\nabla \cdot A) - \nabla^2 A \tag{2.22}$$

得

$$(\nabla^2 + k^2)A = -\mu J + \nabla(\nabla \cdot A + \mathrm{j}\omega\varepsilon_0\mu_0\varphi) \tag{2.23}$$

根据洛伦兹条件：

$$\nabla \cdot A + \mathrm{j}\omega\varepsilon_0\mu_0\varphi = 0 \tag{2.24}$$

得矢量磁位所满足的方程：

$$(\nabla^2 + k^2)A = -\mu J \tag{2.25}$$

将式（2.20）代入麦克斯韦方程得

$$\nabla(-\nabla\varphi - \mathrm{j}\omega A) = \frac{\rho}{\varepsilon_0} \tag{2.26}$$

考虑到洛伦兹条件式（2.24），得标量电位满足的方程：

$$(\nabla^2 + k^2)\varphi = -\frac{\rho}{\varepsilon_0} \tag{2.27}$$

式（2.25）和式（2.27）为波动方程，解得

$$A(r,t) = \int_v \frac{\mu_0 J(r')\mathrm{e}^{-\mathrm{j}kR}}{4\pi R}\mathrm{d}v$$

$$\varphi(r,t) = \int_v \frac{\rho(r')\mathrm{e}^{-\mathrm{j}kR}}{4\pi\varepsilon_0 R}\mathrm{d}v \tag{2.28}$$

式中：$R = |r - r'|$，$k = \omega\sqrt{\varepsilon_0\mu_0}$

由式（2.28）得正弦电流元产生的滞后磁矢位为

$$A = \frac{\mu_0 \mathrm{e}^{-\mathrm{j}kr}}{4\pi r}I\mathrm{d}l \tag{2.29}$$

式中：I 为场源电流强度；$\mathrm{d}l$ 为线元；r 为无线电波传播距离。

位于坐标原点且与 z 轴同方向的赫兹偶极子在自由空间任意点的磁矢位为

$$\left.\begin{array}{l} A = \hat{z}A_z \\[2mm] A_z = \dfrac{\mu_0 \mathrm{e}^{-\mathrm{j}kr}}{4\pi r}I\mathrm{d}l \end{array}\right\} \tag{2.30}$$

矢量 A 在球坐标系里的各分量为

$$A_r = A_z \cos\theta \\ A_\theta = -A_z \sin\theta \\ A_\varphi = 0 \tag{2.31}$$

得到对应的磁场矢量为

$$\boldsymbol{H} = \frac{1}{\mu_0} \nabla \times \boldsymbol{A}$$

$$= \frac{1}{\mu_0 r^2 \sin\theta} \begin{vmatrix} \hat{\boldsymbol{r}} & r\hat{\boldsymbol{\theta}} & r\sin\theta\hat{\boldsymbol{\varphi}} \\ \dfrac{\partial}{\partial r} & \dfrac{\partial}{\partial \theta} & \dfrac{\partial}{\partial \varphi} \\ A_r & rA_\theta & 0 \end{vmatrix}$$

$$= -\hat{\boldsymbol{\varphi}} \frac{I\mathrm{d}l}{4\pi} k^2 \sin\theta \left[\frac{1}{\mathrm{j}kr} + \frac{1}{(\mathrm{j}kr)^2} \right] \mathrm{e}^{-\mathrm{j}kr} \tag{2.32}$$

电场矢量由复麦克斯韦方程组的安培回路定律得到

$$\boldsymbol{E} = \frac{1}{\mathrm{j}\omega\varepsilon_0} \nabla \times \boldsymbol{H}$$

$$= \frac{1}{\mathrm{j}\omega\varepsilon_0 r^2 \sin\theta} \begin{vmatrix} \hat{\boldsymbol{r}} & r\hat{\boldsymbol{\theta}} & r\sin\theta\hat{\boldsymbol{\varphi}} \\ \dfrac{\partial}{\partial r} & \dfrac{\partial}{\partial \theta} & \dfrac{\partial}{\partial \varphi} \\ 0 & 0 & r\sin\theta H_\varphi \end{vmatrix}$$

$$= -\frac{k^2 I\mathrm{d}l}{4\pi\varepsilon_0 c} \left\{ \hat{\boldsymbol{r}} 2\cos\theta \left[\frac{1}{(\mathrm{j}kr)^2} + \frac{1}{(\mathrm{j}kr)^3} \right] + \hat{\boldsymbol{\theta}}\sin\theta \left[\frac{1}{\mathrm{j}kr} + \frac{1}{(\mathrm{j}kr)^2} + \frac{1}{(\mathrm{j}kr)^3} \right] \right\} \mathrm{e}^{-\mathrm{j}kr} \tag{2.33}$$

由赫兹偶极子电磁场的复矢量表达式（2.32）和式（2.33）求得空间任意点的复坡印廷矢量为

$$\boldsymbol{S} = \frac{1}{2} \boldsymbol{E} \times \boldsymbol{H}^*$$

$$= \frac{1}{2} (\hat{\boldsymbol{r}} E_\theta H_\varphi^* - \hat{\boldsymbol{\theta}} E_r H_\varphi^*)$$

$$= \frac{\eta}{2} \left(\frac{I\mathrm{d}l}{4\pi} \right)^2 k^4 \left\{ \hat{\boldsymbol{r}}\sin^2\theta \left[\frac{1}{(kr)^2} - \mathrm{j}\frac{1}{(kr)^5} \right] - \hat{\boldsymbol{\theta}} 2\sin\theta\cos\theta \left[-\mathrm{j}\frac{1}{(kr)^3} - \mathrm{j}\frac{1}{(kr)^5} \right] \right\} \tag{2.34}$$

无线电波自由空间传播的能流可由赫兹偶极子产生的时变电磁场的坡印廷矢量平均值表示为

$$\langle \boldsymbol{S} \rangle = \mathrm{Re}\left[\frac{1}{2} \boldsymbol{E} \times \boldsymbol{H}^* \right]$$

$$= \hat{\boldsymbol{r}} \frac{\eta}{8} \left(\frac{I\sin\theta\mathrm{d}l}{\lambda r} \right)^2$$

$$= \hat{\boldsymbol{r}} \frac{\eta}{8} \left(\frac{fI \sin\theta \mathrm{d}l}{cr} \right)^2 \tag{2.35}$$

式中：$\mathrm{Re}[\cdot]$ 表示复数的实部；上标 $*$ 为共轭符号；$\boldsymbol{E}$ 为无线电波产生的电场；$\boldsymbol{H}$ 为无线电波产生的磁场；$\hat{\boldsymbol{r}}$ 为无线电波传播方向；η 为自由空间波阻抗；θ 为 $\hat{\boldsymbol{r}}$ 与 z 轴正方向的夹角；f 为无线电波频率；c 为电磁波速度；$\lambda = \dfrac{c}{f}$ 为电磁波波长。

式（2.35）为无线电波的辐射能流，由式（2.35）可以看出在超宽带信号带宽范围内，其自由空间传播的能流可以表示为信号频率和传播距离的函数：

$$\langle \boldsymbol{S}(f,d) \rangle = \mathrm{Re}\left[\frac{1}{2} \boldsymbol{E}(f) \times \boldsymbol{H}^*(f) \right]$$

$$= \hat{\boldsymbol{r}} \frac{\eta}{8} \left[\frac{fI(f) \sin\theta \mathrm{d}l}{cd} \right]^2 \tag{2.36}$$

通过以上分析可知超宽带信号自由空间传播功率衰减特性与信号的频率分布有关。不考虑收发天线的影响，超自由空间超宽带信号能量与传播距离关系表示为

$$L_{\mathrm{s}}(f,d) = \int_{f_{\min}}^{f_{\max}} \langle \boldsymbol{S}(f,d) \rangle \mathrm{d}f$$

$$= \int_{f_{\min}}^{f_{\max}} \hat{\boldsymbol{r}} \frac{\eta}{8} \left[\frac{fI(f) \sin\theta \mathrm{d}l}{cd} \right]^2 \mathrm{d}f$$

$$= \hat{\boldsymbol{r}} \frac{\eta}{8} \left(\frac{\sin\theta \mathrm{d}l}{cd} \right)^2 \int_{f_{\min}}^{f_{\max}} I^2(f) f^2 \mathrm{d}f \tag{2.37}$$

式中：$f_{\max}$ 和 $f_{\min}$ 分别为发射超宽带信号上下限截止频率。

将式（2.9）作为辐射超宽带信号功率谱密度函数代入式（2.37），超宽带窄脉冲信号近场自由空间辐射能量与距离关系可写为

$$L_{\mathrm{s}}(f,d) = \hat{\boldsymbol{r}} \frac{\eta}{8} \left(\frac{\sin\theta \mathrm{d}l}{cd} \right)^2 \int_{f_{\min}}^{f_{\max}} p_{\mathrm{G}}(f) f^2 \mathrm{d}f$$

$$= \hat{\boldsymbol{r}} \frac{\eta}{8} \left(\frac{\sin\theta \mathrm{d}l}{cd} \right)^2 \int_{f_{\min}}^{f_{\max}} (2\pi f)^4 \mathrm{e}^{-(2\pi f k w_{\mathrm{p}})^2} f^2 \mathrm{d}f$$

$$= 2\hat{\boldsymbol{r}} \pi^4 \eta \left(\frac{\sin\theta \mathrm{d}l}{cd} \right)^2 \int_{f_{\min}}^{f_{\max}} f^6 \mathrm{e}^{-(2\pi f k w_{\mathrm{p}})^2} \mathrm{d}f \tag{2.38}$$

定义截止频率范围内的信号能量与信号总能量的比值为 η_1，即截止频率 $f_{\max}$ 和 $f_{\min}$ 满足：

$$\frac{\displaystyle\int_{f_{\min}}^{f_{\max}} p_{\mathrm{t}}(f) \mathrm{d}f}{\displaystyle\int_{-\infty}^{+\infty} p_{\mathrm{t}}(f) \mathrm{d}f} = \eta_1 \tag{2.39}$$

将式（2.39）中功率谱密度 $p_t(f)$ 用式（2.9）表示，则超宽带信号的频率分布范围即上下限截止频率与脉冲宽度的关系表示为

$$\int_{f_{\min}}^{f_{\max}} f^4 e^{-(2\pi f k w_p)^2} df = \eta_1 \int_{-\infty}^{+\infty} f^4 e^{-(2\pi f k w_p)^2} df \tag{2.40}$$

通过式（2.40）计算不同宽度窄脉冲信号上下限截止频率，将计算结果代入式（2.38）进行超宽带窄脉冲信号自由空间传播衰减特性仿真。

2.2.3 超宽带信号自由空间传播衰减特性仿真

根据式（2.40），当 $\eta_1 = 99\%$ 时计算可得脉冲宽度分别为 50 ps、100 ps 和 200 ps 时高斯二阶导函数脉冲上下限截止频率，见表 2.1。

表 2.1 高斯二阶导函数脉冲上下限截止频率

脉冲宽度/ps	$f_{\min}$/GHz	$f_{\max}$/GHz	σ
50	1.75	11.51	0.04
100	0.95	5.81	0.08
200	0.34	2.81	0.16

将表 2.1 中数据代入式（2.38）可以绘制超宽带信号自由空间传播幅度衰减曲线，如图 2.5 所示。近场自由空间超宽带窄脉冲信号幅度与传播距离关系表示为

$$
\begin{aligned}
L(f,d) &= \sqrt{L_s(f,d)} \\
&= \hat{r}\sqrt{2\pi^4 \eta \left(\frac{\sin\theta dl}{cd}\right)^2 \int_{f_{\min}}^{f_{\max}} f^6 e^{-(2\pi f k w_p)^2} df} \\
&= \hat{r}\frac{\pi^2 \sqrt{2\eta}\sin\theta dl}{cd}\sqrt{\int_{f_{\min}}^{f_{\max}} f^6 e^{-(2\pi f k w_p)^2} df}
\end{aligned}
\tag{2.41}
$$

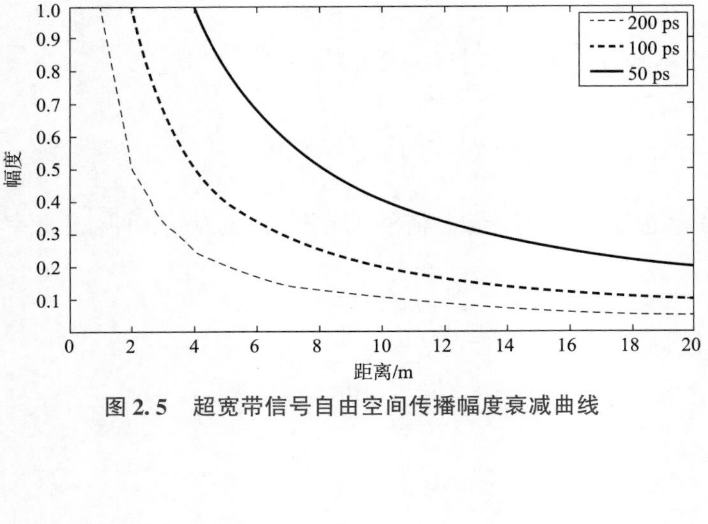

图 2.5 超宽带信号自由空间传播幅度衰减曲线

图 2.5 所示为脉冲宽度分别等于 50 ps、100 ps 和 200 ps 时的超宽带信号自由空间传播幅度衰减曲线。传播距离分别在 3 m、6 m 和 9 m 处的超宽带窄脉冲信号幅度衰减归一化数值见表 2.2。

表 2.2　超宽带信号幅度衰减归一化数值

脉冲宽度	3 m	6 m	9 m
50 ps	1	0.5	0.334
100 ps	0.5	0.25	0.167
200 ps	0.25	0.125	0.083

2.3　时域多普勒效应

假设引信接收机位于原点为 O 的坐标系 K 上，发射机位于原点为 O' 的坐标系 K' 上，发射机坐标系 K' 相对于接收机坐标系 K 沿着 x 轴以速度 v_r 向右运动，发射机的振荡频率是 f_0，现在确定坐标系 K 上的接收机接收到的振荡频率 f_0 如图 2.6 所示。

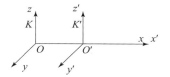

图 2.6　多普勒效应

根据爱因斯坦–洛伦兹变换公式，K 和 K' 坐标系上坐标与时间的对应关系为

$$
\left.
\begin{aligned}
x' &= \frac{x - v_r t}{\sqrt{1 - (v_r/c)^2}} \\
x &= \frac{x' - v_r t'}{\sqrt{1 - (v_r/c)^2}} \\
y' &= y \\
z' &= z \\
t' &= \frac{t - (v_r/c^2) x}{\sqrt{1 - (v_r/c^2)}} \\
t &= \frac{t' - (v_r/c^2) x'}{\sqrt{1 - (v_r/c^2)}}
\end{aligned}
\right\}
\tag{2.42}
$$

在发射机发出信号的过程中，在接收机坐标系 K 上标出两个时间点 t_1 和 t_2，t_1 和 t_2 对应的瞬时波源位置为 x 轴上两点 x_1 与 x_2，则发射机发射信号的持续时间（根据坐标

系 K 上的时钟）为

$$\tau = t_2 - t_1 \tag{2.43}$$

$$x_2 = x_1 + v_r \tau \tag{2.44}$$

因为发射机与接收机之间有相对运动，接收机接收信号的起始和终了瞬时 θ_1 和 θ_2（在坐标系 K 上测量）将不同于 t_1 与 t_2：

$$\theta_1 = t_1 + \frac{r}{c} \tag{2.45}$$

$$\theta_2 = t_2 + \frac{r + v_r \tau}{c} \tag{2.46}$$

式中：r 为瞬时发射机 t_1 和接收机之间的距离。

根据式（2.45）和式（2.46），可以计算出在坐标系 K 上作用于接收机的持续时间 θ：

$$\theta = \theta_2 - \theta_1 = \tau(1 + v_r/c) \tag{2.47}$$

现在求在这个时间内到达接收机的振荡数。

设发射机的振荡频率为 f_0（在坐标系 K' 上），它发射出振荡信号的持续时间在坐标系 K' 上应该为

$$\tau' = t_2' - t_1' \tag{2.48}$$

式中：t_1' 和 t_2' 分别为坐标系 K' 上发射机发射信号的起始和终了时间。

$$t_2' = \frac{t_2 - (v_r/c^2) x_2}{\sqrt{1 - (v_r/c^2)}} \tag{2.49}$$

$$t_1' = \frac{t_2 - (v_r/c^2) x_1}{\sqrt{1 - (v_r/c^2)}} \tag{2.50}$$

由此可得

$$\tau' = \tau \sqrt{1 - (v_r/c)^2} \tag{2.51}$$

根据式（2.48）和式（2.49）可求得在时间间隔 θ 内到达接收机的振荡数为

$$N = f_0 \tau' = f_0 \tau \sqrt{1 - (v_r/c)^2} \tag{2.52}$$

而由接收机接收的频率为

$$f = \frac{N}{\theta} = f_0 \sqrt{\frac{1 - v_r/c}{1 + v_r/c}} \tag{2.53}$$

式（2.53）是多普勒效应的表达式，如果发射机和接收机间相对速度远小于光速，即 $v_r \ll c$，则式（2.53）完全可以近似地表示成（同时考虑远离和接近的两种情况）：

$$f = f_0(1 \pm v_r/v_w) \tag{2.54}$$

式中：v_w 为波的传播速度；负号为接收机向远离发射机方向运动。由于 $v_w = f_0 \lambda_0$，λ_0 为振荡信号波长，故式可写成

$$f = f_0 \pm v_r / \lambda_0 \qquad (2.55)$$

式中：v_r / λ_0 称为多普勒频率。

在无线电引信系统中，发射机和接收机处于同一弹体中，式（2.55）表示与引信有相对运动目标处的振荡频率。那么由接收机接收到由目标反射的信号的多普勒频率将增大 1 倍，有

$$f = f_0 \pm \frac{2v_r}{\lambda_0} = f_0 \pm \frac{2v_r}{c} f_0$$

$$\qquad (2.56)$$

$$f_d = \pm \frac{2v_r}{\lambda_0} = \pm \frac{2v_r}{c} f_0$$

式中：f_d 为无线电引信的多普勒频率。若弹目之间是逐渐接近的，f_d 是正值；若弹目之间是逐渐远离的，f_d 是负值。

超宽带无线电引信多普勒效应表现为脉冲宽度和脉冲重复周期的变化，根据前面的分析，可知超宽带无线电引信回波信号的脉冲宽度和重复周期为

$$\Delta T' = \Delta T + \Delta T_d = \Delta T \pm \frac{2\Delta T v_r}{c} \qquad (2.57)$$

$$T' = T + T_d = T \pm \frac{2T v_r}{c} \qquad (2.58)$$

式中：T 为脉冲重复周期。

若弹目是逐渐接近的，则 ΔT_d 和 T_d 是负值；若弹目是逐渐远离的，则 ΔT_d 和 T_d 是正值。

对于 ΔT 为 200 ps 的超宽带信号，若 $v_r = 150$ m/s，经计算可得 $\Delta T_d = 2 \times 10^{-7}$ ns，可忽略单个脉冲传播期间由于相对运动引起的弹目之间距离的变化，也就是 ΔT 的变化，对点目标可认为回波信号 $\Delta T' = \Delta T$。而 T 相对较大，脉冲间隔期间弹目之间的距离变化不能忽略，因此将脉冲重复周期的变化称为超宽带无线电引信的时域多普勒效应，T_d 称为多普勒时移。发射信号与回波信号关系如图 2.7 所示。

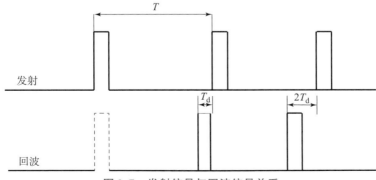

图 2.7　发射信号与回波信号关系

2.4 目标回波信号

当引信目标为地面时，天线到地面的距离与天线照射地面尺寸为同一数量级，引信与天线波束照射范围内各散射中心距离的不同将导致地面散射信号返回到引信接收天线的时间不一致，从而造成地面回波信号的展宽效应，由于超宽带无线电引信辐射信号宽度很窄，这种展宽效应将更加明显。本节将主要考虑这种地面目标效应，分别对平坦地面和粗糙地面进行回波信号建模与仿真。

2.4.1 目标冲激响应

根据瞬态电磁散射理论，任意目标的冲激响应都由两部分组成：目标不连续边界产生的冲激分量（早期响应），目标的感应电流在自然频率的点形成的辐射分量（晚期响应）。目标的早期响应是入射信号波前与目标相互作用产生的，反映了物体的局部特性，在时域上表现为一系列对应于不同散射中心的波峰。当入射电磁波在空间全部通过目标后，目标早期响应结束，晚期响应开始，整体特征体现为与激励无关的谐振频率，是目标整体特征的表现。考虑到目标的早期响应、晚期响应和信号在不同散射中心相互之间的传播效应，目标的冲激响应模型为

$$h(t) = \sum_{i=1}^{M} a_i \delta^{(\varphi_i)}(t - \tau_i) + \sum_{j=1}^{N} b_j \exp[s_j(t - \tau_j)] a(t - \tau_j) + \sum_{k=1}^{M} \sum_{l=1}^{M} c_{kl} \delta(t - \tau_k - \tau_l)$$

$$(2.59)$$

式中：a_i 和 τ_i 分别为各散射中心的强度和时延；M 为散射中心个数；φ_i 为常数，为正时表示微分，为负时表示积分；$\delta(t)$ 表示 delta 函数；N 为目标自然谐振频率数目；s_j 为目标的复自然谐振频率；τ_j 为自然谐振模时延；b_j 为谐振分量幅值；$a(t)$ 为单位阶跃函数；c_{kl} 为入射信号在各散射中心之间的多路传播产生的散射分量幅值。

对于绝大多数目标，其目标响应的能量主要集中在早期响应分量之中，反映了目标的距离、方位、形状等信息，是我们进行目标探测和识别时所关心的。晚期响应的谐振分量幅度和信号在散射中心的传播分量幅度是很弱的，忽略目标的晚期响应和信号在各散射中心之间的传播效应，将目标散射中心看作理想点目标，只考虑回波信号的时间延迟和幅度衰减，目标的冲激响应模型简化为

$$h(t) = \sum_{i=1}^{M} a_i \delta(t - \tau_i) \qquad (2.60)$$

式中：a_i 为回波信号幅度衰减；τ_i 为回波延迟，$\tau_i = \dfrac{2R_i}{c}$。

与雷达散射截面积类似，目标冲激响应函数 $h(t)$ 也是 R、θ 和 ϕ 的函数，表示为

$h(t，R，\theta，\phi)$。在满足远场条件下，a_i 随 R 按 R^{-1} 的形式变化，将 $h(t)$ 进行归一化，归一化冲激响应数学表达式为

$$h_1(t) = Rh(t) \tag{2.61}$$

由式（2.61）可得

$$h_1(t) = \sum_{i=1}^{M} d_i \delta(t - \tau_i) \tag{2.62}$$

式中：$d_i = R_i a_i$。

2.4.2　目标散射特性

与一般雷达的目标散射特性不同，无线电引信电磁场的特点是引信对目标的照射和目标的反射或散射均处于近场区，即目标处于引信天线近区或超近区，到达目标和目标反射的电磁波均为球面波，引信天线接收到目标反射信号的振幅、相位、多普勒频谱与目标的大小、形状、构造、材料、引信与目标之间的距离和交会角等密切相关。

在近场区，由于源于目标之间的距离与目标的线尺寸可比拟，甚至比目标的线尺寸小得多（如大型飞机、军舰等），弹目交会过程中，天线主瓣只能局部照射到目标的某些部位。这时，目标的有效散射面积 σ 不仅是弹目距离的函数，而且也是照射有效立体角的函数。由于目标各处的结构不同，因而又随照射的部位而异，此时的有效散射面积 σ 是多种因素共同作用的结果。通常，如果引信辐射电磁波的波长 λ 远小于目标的尺寸，可以把目标看成许多独立的小散射体 σ_i 的组合。这样目标瞬时有效面积可由如下关系式表示：

$$\sigma(t) = \left| \sum_{i=1}^{n(\Delta\varphi_s)} \sqrt{\sigma_i} e^{j\left(\frac{4\pi r_i}{\lambda}\right)} \right| \tag{2.63}$$

式中：$n(\Delta\varphi_s)$ 为瞬时照射的有效立体角中散射单元数目；r_i 为散射单元到引信的距离；$\Delta\varphi_s$ 为天线主波束宽度。

由此，一个大的复杂目标可以看成由若干不相关的分块组成；一个运动目标，本质上是由许多运动着的点组成的。各分块或散射点不仅散射信号的幅度不同，而且散射中心相位的差异还会造成信号幅度更大的起伏。

设多散射单元回波信号为

$$u_i(t) = \sum_{k=1}^{n} u_{mk}\cos(\omega t - \varphi_{0k}) \tag{2.64}$$

式中：u_{mk} 为第 k 个目标单元的回波电压振幅；φ_{0k} 为第 k 个目标单元的回波电压相位。

同频多信号叠加时，（复合）信号可表示为

$$u_i(t) = u_m\cos(\omega t - \varphi) = u_x\cos\omega t + u_y\sin\omega t \tag{2.65}$$

其中

$$\left.\begin{aligned} u_x &= u_m\cos\phi = \sum_{k=1}^{n} u_{mk}\cos\varphi_{0k} \\ u_y &= u_m\sin\phi = \sum_{k=1}^{n} u_{mk}\sin\varphi_{0k} \\ u_m^2 &= u_x^2 + u_y^2 \end{aligned}\right\} \tag{2.66}$$

如果目标各散射单元相对引信无规则改变，则回波信号电压的相位滞后也将无规则地变化。这样信号电压的振幅分量 u_x、u_y 将是随机变量。当目标散射单元数量较多时，u_x、u_y 的概率密度接近正态分布，即

$$p(u_x) = \frac{1}{\sqrt{2\pi\sigma_x^2}}\exp\left(-\frac{u_x^2}{2\sigma_x^2}\right) \tag{2.67}$$

$$p(u_y) = \frac{1}{\sqrt{2\pi\sigma_y^2}}\exp\left(-\frac{u_y^2}{2\sigma_y^2}\right) \tag{2.68}$$

式中：σ_x^2，σ_y^2 为 u_x，u_y 的方差，二者相等，即

$$\sigma_x^2 = \sigma_y^2 = \sigma^2 \tag{2.69}$$

由于随机变量 u_x、u_y 是相互独立的，二元联合概率密度为

$$p(u_x, u_y) = \frac{1}{2\pi\sigma^2}\exp\left(-\frac{u_x^2 + u_y^2}{2\sigma^2}\right) \tag{2.70}$$

其极坐标形式为

$$p(u_m, \phi) = \frac{u_m}{2\pi\sigma^2}\exp\left(-\frac{u_m^2}{2\sigma^2}\right) \tag{2.71}$$

将 ϕ 在 2π 范围内积分得

$$p(u_m) = \int_0^{2\pi} p(u_m, \phi)\mathrm{d}\phi = \frac{u_m}{\sigma^2}\exp\left(-\frac{u_m^2}{2\sigma^2}\right) \tag{2.72}$$

可见，回波信号幅度概率密度可用瑞利分布描述，如图 2.8 所示。其概率密度函数如图 2.9 所示。

$$F(u_m) = \int_0^{u_m} p(u_m)\mathrm{d}u_m = \int_0^{u_m} \frac{u_m}{\sigma^2}\exp\left(-\frac{u_m^2}{2\sigma^2}\right)\mathrm{d}u_m = 1 - \exp\left(-\frac{u_m^2}{2\sigma^2}\right) \tag{2.73}$$

2.4.3　地面散射特性

地面是典型的分布反射目标，是由大量散射体、反射体和吸收体组合而成的，当电磁波入射到地面时，会发生电磁场的反射、散射以及目标介质的吸收和极化等现象，主要表现为电磁波的镜面反射和漫反射两种情况。当地面起伏度 h 和入射角余角 θ' 满足下式时，可将目标看作光滑表面，电磁波产生镜面反射，服从几何光学的反射定理，否则需看作粗糙表面。

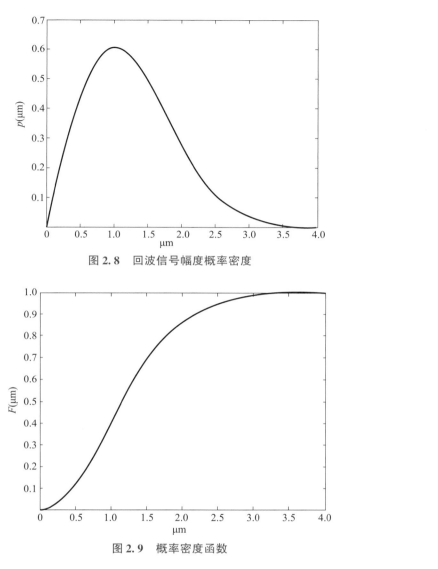

图 2.8 回波信号幅度概率密度

图 2.9 概率密度函数

$$h < \frac{c}{16f\sin\theta'} \tag{2.74}$$

式（2.74）即为瑞利判据。由此可以看出，当辐射信号照射到目标表面时，目标回波信号表现为镜面反射状态还是漫反射状态，主要取决于目标表面起伏度、电磁波的入射角以及信号频率。当入射信号频率越高时，所能满足镜面反射条件的目标起伏度就越小，就要求目标表面越光滑。

对于不满足式（2.74）的粗糙地面，其反射可看作镜面反射分量和漫反射分量之和，也有人将这两种分量称为相干分量和非相干分量。

在垂直入射时，粗糙表面将总入射功率镜面反射出去的比例为

$$\exp\left[-2\left(\frac{2\pi\sigma_{h}}{\lambda}\right)^{2}\right] = \exp\left[-2\left(\frac{2\pi\sigma_{h}c}{f}\right)^{2}\right] \tag{2.75}$$

式中：σ_{h} 为粗糙表面均方高度。

图 2.10 所示为由式（2.75）所得的粗糙地面镜面反射比例，其中横坐标为 σ_{h}/λ。由此可以看出，对波长为固定值的入射波，随着地面粗糙程度的增加，镜面反射分量越来越小。其中 $\sigma_{h}=0.1\lambda$ 时的镜面反射比例为 37.73%，$\sigma_{h}=0.2\lambda$ 时的镜面反射比例为 2.03%。

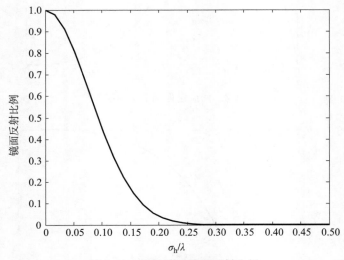

图 2.10 粗糙地面镜面反射比例

对超宽带无线电引信，天线辐射信号最低频率为 1 GHz，对应波长为 0.3 m，当地面高度散布均方差为 6 cm 时，镜面反射比例为 2.03%；当地面高度散布均方差为 3 cm 时，镜面反射比例为 37.73%，若以发射信号峰值频率 2.7 GHz 计算，当地面高度散布均方差为 2 cm 时，镜面反射比例为 2.03%；当地面高度散布均方差为 1 cm 时，镜面反射比例为 37.73%。超宽带无线电引信对一般地面而言，漫反射能量占总反射能量的绝大部分，可以将超宽带无线电引信地面反射近似认为是完全漫反射，如图 2.11 所示。

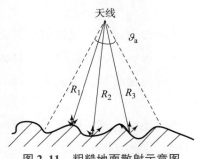

图 2.11 粗糙地面散射示意图

2.4.4　平坦地面回波信号建模与仿真

超宽带无线电引信地面回波信号可看作是由大量均匀分布的独立散射体产生的。由本章推导的超宽带无线电引信回波信号表达式有

$$y_{\mathrm{r}}(t) = \frac{1}{R_i^2}s(t) \cdot h_{\mathrm{t}}(t,\theta,\phi) \cdot \delta\left(t - \frac{R}{c}\right) \cdot h_{\mathrm{g}}(t,\theta,\phi) \cdot \delta\left(t - \frac{R}{c}\right) \qquad (2.76)$$

不考虑延时，记

$$o(t,\theta,\phi) = s(t) \cdot h_{\mathrm{t}}(t,\theta,\phi) \qquad (2.77)$$

$$y_{\mathrm{r}}(t) = \frac{1}{R_i^2}o(t,\theta,\phi) \cdot \sum_{i=1}^{M} d_i\delta(t - \tau_i) = \sum_{i=1}^{M} \frac{d_i}{R_i^2}o(t - \tau_i,\theta,\phi) \qquad (2.78)$$

假设各个散射体的冲激响应幅度衰减系数相等，记为 d，则单位面积幅度衰减系数为

$$d_0 = \frac{\sum_{i=1}^{M} d_i}{A} = \frac{Md}{A} \qquad (2.79)$$

由于引信照射区域内散射体的个数 M 与照射区域的面积 A 成正比，令 $k = \dfrac{M}{A}$，k 为常数，则

$$d_0 = kd \qquad (2.80)$$

在对地窄带雷达方程中，采用了平均散射截面积即总的散射截面积与面积 A 的比值的概念度量面目标的散射特性，定义式为

$$\sigma_0 = \frac{\sum_{i=1}^{M} \sigma_i}{A} = \frac{M\sigma}{A} = k\sigma \qquad (2.81)$$

由 $\sigma = \lim\limits_{R\to\infty}4\pi R^2 |H(\mathrm{j}\omega)|^2$，可得单个散射体的雷达散射截面积和目标冲激响应幅度衰减系数之间的关系为

$$a = \frac{\sqrt{\sigma}}{2R\sqrt{\pi}} \qquad (2.82)$$

和

$$d = \frac{\sqrt{\sigma}}{2\sqrt{\pi}} \qquad (2.83)$$

由式（2.80）可得

$$d_0 = \frac{1}{2}\sqrt{\frac{k\sigma_0}{\pi}} \qquad (2.84)$$

地面散射区与引信天线的几何关系如图 2.12 所示，其中 xOy 表示平坦地面，D 为

引信位置，弹纵轴与 xOy 平面的交点为 E，与 z 轴之间的夹角为 ξ，弹纵轴在 xOy 平面的投影与 x 轴之间的夹角为 φ，天线波束入射方向与引信到面积元 dA 的连线 DF 之间的夹角为 ϑ，DF 与 z 轴之间的夹角为 θ，面积元 dA 在 xOy 平面上与 x 轴之间的夹角为 ϕ，H 为引信到地面的高度，R 为引信到面积元 dA 的距离。

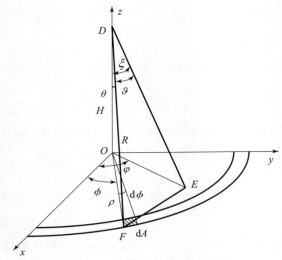

图 2.12　地面散射区与引信天线的几何关系

单位面积幅度衰减系数 d_0 是 θ 的函数，记为 $d_0(\theta)$，面积元 dA 的幅度衰减系数为 $d_0(\theta)dA$。可得来自面积元 dA 的回波信号为

$$dy_r(t) = \frac{1}{R_i^2}s(t) \cdot h_t(t,\theta,\phi) \cdot \delta(t-\tau_i)d_0(\theta)dA = \frac{1}{R^2}o(t-\tau_i,\theta,\phi)d_0(\theta)dA$$

$$= \frac{1}{2R^2}\sqrt{\frac{k\sigma_0(\theta)}{\pi}}o(t-\tau_i,\theta,\phi)dA \qquad (2.85)$$

被照射地面的回波信号用积分表示为

$$y_r(t) = \int_A \frac{1}{2R^2}\sqrt{\frac{k\sigma_0(\theta)}{\pi}}o(t-\tau_i,\theta,\phi)dA \qquad (2.86)$$

由图 2.12 中的几何关系可知，$dA = \rho d\rho d\phi$，$R = \sqrt{H^2+\rho^2}$，式（2.85）变为

$$y_r(t) = \frac{1}{2}\sqrt{\frac{k}{\pi}}\int_{\phi_{min}}^{\phi_{max}}\int_{\rho_{min}}^{\rho_{max}}\frac{o\left(t-\dfrac{2\sqrt{H^2+\rho^2}}{c},\theta,\phi\right)\sigma_0(\theta)}{H^2+\rho^2}\rho d\rho d\phi \qquad (2.87)$$

式中：ρ，ϕ 的积分上下限与天线入射角、天线波束宽度有关。

当弹丸垂直入射时，$R = H/\cos\theta$，$\rho = H\tan\theta$，$dA = \rho d\rho d\phi = \dfrac{H^2\sin\theta}{\cos^3\theta}d\theta d\phi$，假设天线半功率波束宽度为 ϑ_a，式（2.87）可化简为

$$y_r(t) = \frac{1}{2} \sqrt{\frac{k}{\pi}} \int_0^{2\pi} \int_0^{H\tan(\vartheta_a/2)} \frac{o\left(t - \frac{2\sqrt{H^2 + \rho^2}}{c}, \theta, \phi\right) \sigma_0(\theta)}{H^2 + \rho^2} \rho \mathrm{d}\rho \mathrm{d}\phi \qquad (2.88)$$

或

$$y_r(t) = \frac{1}{2} \sqrt{\frac{k}{\pi}} \int_0^{2\pi} \int_0^{\vartheta_a/2} o\left(t - \frac{2H/\cos\theta}{c}, \theta, \phi\right) \sigma_0(\theta) \frac{\sin\theta}{\cos\theta} \mathrm{d}\theta \mathrm{d}\phi \qquad (2.89)$$

在利用式（2.88）进行超宽带无线电引信面目标回波信号仿真中，应首先知道 $o(t, \theta, \phi)$。在 CST（中央标准时间）中将两个完全相同的平面三角形对称振子天线平行放置：一个作为发射天线，一个作为接收天线，接收天线位于发射天线的最大辐射方向。其中，发射天线激励信号仍然为高斯二阶导数，接收天线负载为 50 Ω，接收天线负载端电压波形如图 2.13 所示。

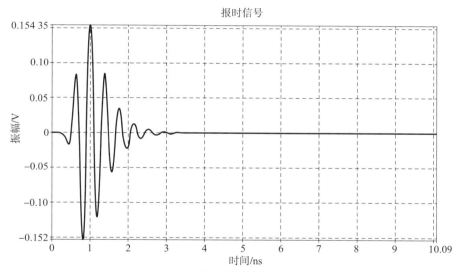

图 2.13　接收天线负载端电压波形

假设在天线半功率波束宽度内，$\sigma_0(\theta)$ 为常数，忽略天线在不同辐射方向上辐射波形的不同，且 $F(t, r', \theta', \phi') = 1$，此时式（2.88）可化简为

$$y_r(t) = \sigma_0 \sqrt{k\pi} \int_0^{H\tan(\vartheta_a/2)} \frac{o\left(t - \frac{2\sqrt{H^2 + \rho^2}}{c}\right)}{H^2 + \rho^2} \rho \mathrm{d}\rho \mathrm{d}\phi \qquad (2.90)$$

其中，对一固定地面而言，$\sigma_0 \sqrt{k\pi}$ 为常数。可得不同炸高超宽带无线电引信回波信号图形，如图 2.14 所示。

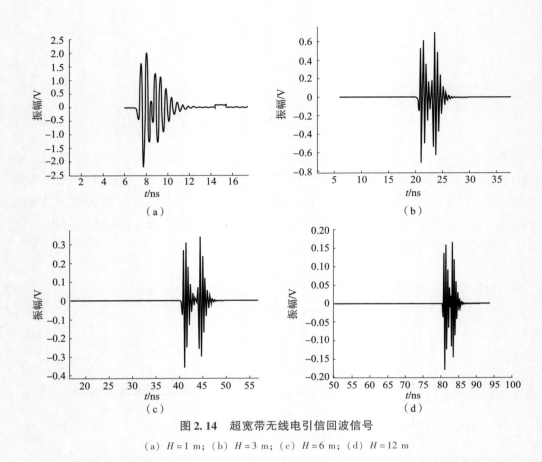

图 2.14　超宽带无线电引信回波信号

（a）$H = 1$ m；（b）$H = 3$ m；（c）$H = 6$ m；（d）$H = 12$ m

从图 2.14 中可以看出，随着炸高 H 的不断增加，超宽带无线电引信回波信号幅度不断减小，当炸高为 12 m 时，相比炸高 1 m 的信号幅度降低到大约 1/12。

2.4.5　粗糙地面超宽带无线电引信回波信号建模与仿真

在对地面回波信号建模的过程中，主要考虑的是天线波束照射区域内各散射单元在 xOy 平面所处的坐标不同，从而引起散射单元与天线的距离不同。实际上对于粗糙地面而言，各散射单元不仅在 xOy 平面上的坐标不同，其在 z 轴的坐标也是不同的，对每个散射单元而言，H 并不是一个定值，因此很难再用积分的方法来求解粗糙地面回波信号。下面将采用单元分解的方法，将天线照射区域划分为若干散射单元，所有散射单元回波信号的矢量叠加即为总的粗糙地面回波信号。

基于单元分解法的粗糙地面回波信号求解方法的基本思想是：天线位于 $(0, 0, H)$ 处，将天线照射范围内的粗糙地面划分为若干网格，每个网格视为一个独立的散射单元，其中第 i 个散射单元 A_i 的中心点的坐标为 (x_i, y_i, z_i)，则散射单元 A_i 与引信天线之间的距离为

$$R_i = \sqrt{x_i^2 + y_i^2 + (H - z_i)^2} \tag{2.91}$$

时间延迟为

$$\tau_i = \frac{2R_i}{c} \tag{2.92}$$

有了各散射单元到天线的距离及时间延迟后，即可按照式（2.78）进行回波信号的计算。这里重写如下：

$$y_r(t) = \sum_{i=1}^{M} \frac{d_i}{R_i^2} o(t - \tau_i, \theta, \phi) \tag{2.93}$$

在利用单元分解方法求解粗糙地面回波信号的过程中，首先需要解决的是粗糙表面的数值仿真，下面将首先对其进行研究。

假定粗糙地面的参考平面为 $z = 0$ 的平面（xOy 平面），粗糙表面相对于参考平面的起伏用函数 $z = f(x, y)$ 表示。对于起伏地面，通常采用具有高斯统计特性的随机粗糙表面进行模拟，其概率密度函数为

$$p(z) = \frac{1}{\sigma_h \sqrt{2\pi}} \exp\left(-\frac{z^2}{2\sigma_h^2}\right) \tag{2.94}$$

式中：σ_h 为粗糙表面的均方高度。

然而，粗糙表面并不是唯一的由均方高度 σ_h 决定的。均方高度 σ_h 和相关长度 l 共同描述了随机粗糙表面的统计性质。相关函数表明了粗糙表面上任意两点间的相关程度，定义式为

$$R(x_d) = \frac{\langle f(x)f(x + x_d) \rangle}{\sigma_h^2} \tag{2.95}$$

式中：$\langle \ \rangle$ 为概率平均；x_d 为两点间距离。

一般随机粗糙表面上两点之间的距离 x_d 越大，相关函数越小。相关函数的形状取决于粗糙表面的类型，减小的快慢取决于粗糙表面两点间不相关的距离。常用的两种相关函数有高斯相关函数和指数相关函数，其中高斯相关函数为

$$R(x_d) = \sigma_h^2 \exp\left(-\frac{x_d^2}{l^2}\right) \tag{2.96}$$

对式（2.95）进行傅里叶变换即为高斯相关的粗糙表面的功率谱密度：

$$W(k) = \frac{\sigma_h^2}{\sqrt{4\pi}} \exp\left(-\frac{k^2 l^2}{4}\right) \tag{2.97}$$

有了随机粗糙表面的统计特征后，下一步的工作就是用数值方法产生粗糙表面。将高斯相关的随机粗糙表面功率谱经过离散逆傅里叶变换就可以得到随机粗糙表面，其中相位使用正态分布的随机相位。长度为 L 的一维随机粗糙表面生成公式如下：

$$f(x_n) = \frac{1}{L} \sum_{p=-\frac{N}{2}+1}^{\frac{N}{2}} F(k_p) \exp(\mathrm{j}k_p x_n) \tag{2.98}$$

$$F(k_p) = \begin{cases} \sqrt{2\pi L W(k_p)} \dfrac{N(0,1)+\mathrm{i}N(0,1)}{\sqrt{2}} , p \neq 0, \dfrac{N}{2} \\[4mm] \sqrt{2\pi L W(k_p)} N(0,1) , p=0, \dfrac{N}{2} \end{cases} \tag{2.99}$$

$$W(k_p) = \frac{\sigma_{\mathrm{h}}^2 l}{\sqrt{4\pi}} \exp\left(-\frac{k_p^2 l^2}{4}\right) \tag{2.100}$$

式中：$k_p = \dfrac{2\pi p}{L}$；σ_{h} 为粗糙表面的均方高度；l 为相关长度；L 为样本长度；$x_n = n\Delta x$，$n=1,2,\cdots,N$ 为粗糙表面上第 n 个离散点；$N(0,1)$ 表示均值为 0，均方为 1 的正态分布随机数。

由于起伏表面必须由实数序列表示，因此傅里叶系数必须满足 $F(k_p) = F^*(-k_p)$。此外，还要保证粗糙面长度 L 与相关长度 l 满足 $L \geqslant 15l$。

利用离散傅里叶反变换可简化随机粗糙面的产生过程，具体步骤如下：

（1）定义粗糙面的长度 L、均方高度 σ_{h} 和相关长度 l。

（2）生成 N 个均值为 0，方差为 1 的正态分布随机数 n_j，$j=1,2,\cdots,N$。

（3）利用 n_j 组合成 $\dfrac{N}{2}-1$ 个复随机数 cn_j，$cn_j = \dfrac{(n_{2j-1}+\mathrm{i}n_{2j})}{\sqrt{2}}$，$j=1,2,\cdots,\dfrac{N}{2}-1$。

（4）求 cn_j 的反转共轭 cm_j，$cm_j = cn_{N/2-j}^*$，$j=1,2,\cdots,\dfrac{N}{2}-1$。

（5）利用 n_j、cn_j 和 cm_j 组成新的序列 $cn_1,cn_2,\cdots,cn_{N/2-1},n_{N-1},cm_1,cm_2,\cdots,cn_{N/2-1},n_N$，并记为 b_j，$j=1,2,\cdots,N$。

（6）计算 $W(k_p) = \dfrac{\sigma_{\mathrm{h}}^2 l}{\sqrt{4\pi}}\exp\left(-\dfrac{k_p^2 l^2}{4}\right)$，其中 $k_p = \dfrac{2\pi p}{L}$，$p = -\dfrac{N}{2}+1,-\dfrac{N}{2}+2,\cdots,\dfrac{N}{2}$，然后计算 $Y_j = \sqrt{2\pi L W(k_p)}b_j$，$j=1,2,\cdots,N$。

（7）将 Y_j 重新排列为 $Y_{N/2},Y_{N/2+1},Y_{N/2+2},\cdots,Y_N,Y_1,Y_2,\cdots,Y_{N/2-1}$，并将新序列记为 Y_j'。

（8）对 Y_j' 进行 N 点离散傅里叶反变换，结果为 Λ_j'，$j=1,2,\cdots,N$。

（9）将 Λ_j' 重新排列为 $\Lambda_{N/2+2}',\Lambda_{N/2+3}',\cdots,\Lambda_N',\Lambda_1',\Lambda_2',\Lambda_3',\cdots,\Lambda_{N/2+1}'$，并记为 Λ_j，$j=1,2,\cdots,N$。

（10）$\mathrm{Re}\left[\dfrac{N\Lambda_j}{l}\right]$ 即为所求的离散粗糙表面。

利用上述随机粗糙表面产生方法得到不同均方高度，相关长度的一维随机粗糙面如图 2.15 所示。

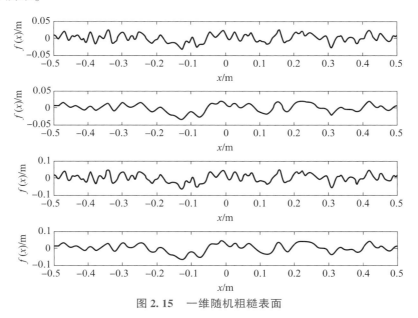

图 2.15 一维随机粗糙表面

由图 2.15 可以看出，均方高度 σ_h、相关长度 l 对粗糙面起伏的深度、起伏的频繁程度都有很大的影响。均方高度 σ_h 越大，粗糙面的起伏深度越大，相关长度 l 越小，粗糙面的变化越频繁。

对于尺寸为 $L_x \times L_y$ 的二维离散粗糙表面，需要在 x 和 y 方向以 Δx，Δy 为步长生成 $N \times M$ 的网格，粗糙表面在（x_n，y_m）处的高度 $z = f(x_n, y_m)$ 为

$$f(x_n, y_m) = \frac{1}{L_x L_y} \sum_{p=-\frac{N}{2}+1}^{\frac{N}{2}} \sum_{q=-\frac{M}{2}+1}^{\frac{M}{2}} F(k_{x,p}, k_{y,q}) \exp(jk_{x,p}x_n) \exp(jk_{y,q}y_m) \quad (2.101)$$

$$F(k_{x,p}, k_{y,q}) = \begin{cases} 2\pi \sqrt{L_x L_y W(k_{x,p}, k_{y,q})} \dfrac{N(0,1) + iN(0,1)}{\sqrt{2}}, p \neq 0, \dfrac{N}{2}, q \neq 0, \dfrac{N}{2} \\[4mm] 2\pi \sqrt{L_x L_y W(k_{x,p}, k_{y,q})} N(0,1), p = 0, \dfrac{N}{2}, q = 0, \dfrac{N}{2} \end{cases}$$

$$(2.102)$$

$$W(k_{x,p}, k_{y,q}) = \frac{\sigma_h^2 l_x l_y}{4\pi} \exp\left(-\frac{k_{x,p}^2 l_x^2}{4} - \frac{k_{y,q}^2 l_y^2}{4}\right) = \frac{1}{\sigma_h^2} W(k_{x,p}) W(k_{y,q}) \quad (2.103)$$

式中：$W(k_{x,p}, k_{y,q})$ 为二维高斯相关随机粗糙表面功率谱密度；$k_{x,p} = \dfrac{2\pi p}{L_x}$；$k_{y,q} = \dfrac{2\pi q}{L_y}$；$l_x$ 为 x 方向的相关长度；l_y 为 y 方向的相关长度；L_x 为 x 方向的样本长度；l_y 为 y 方向的样本长度；$x_n = n\Delta x$，$n = 1, 2, \cdots, N$；$x_m = m\Delta y$，$m = 1, 2, \cdots, M$；$N(0, 1)$ 表示均值为 0，均方为 1 的正态分布随机数。

通过式（2.103）可以看出，二维高斯相关随机粗糙表面功率谱密度可以分解为两个一维高斯相关随机粗糙表面功率谱密度的乘积，这种形式可以简化二维随机粗糙表面的计算。将式（2.103）代入式（2.101）得

$$f(x_n,y_m) = \frac{1}{L_x}\sum_{p=-\frac{N}{2}}^{\frac{N}{2}-1}F(k_{x,p})\exp(jk_{x,p}x_n)\frac{1}{L_y}\sum_{q=-\frac{M}{2}}^{\frac{M}{2}-1}F(k_{y,q})\exp(jk_{y,q}y_m)\frac{1}{\sigma_h}$$

$$= \frac{1}{\sigma_h}f(x_n)f(y_m) \tag{2.104}$$

由式（2.104）可以看出，二维随机粗糙表面可利用两个一维随机粗糙表面相乘而得到。类似地，要保证粗糙面的尺寸满足 $L_x \geq 15l_x$，$L_y \geq 15l_y$。

图 2.16 所示为 $L_x = L_y = 2$ m，$\sigma_{h_x} = \sigma_{h_y} = 0.02$ m，$l_x = l_y = 0.01$ m 时的二维随机粗糙表面。

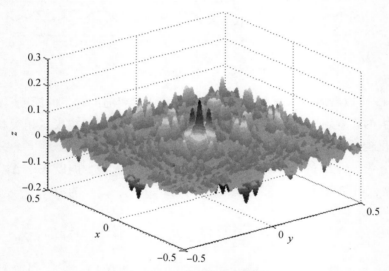

图 2.16　二维随机粗糙表面

不考虑散射截面积与频率、入射角的关系，这里取 $\sigma_0 = -16$ dB，有了平均散射截面积后，利用式（2.103）可得幅度衰减系数 d_i 为

$$d_i = \frac{1}{2}\sqrt{\frac{\sigma_i}{\pi}} = \frac{1}{2}\sqrt{\frac{\Delta x\Delta y\sigma_0}{\pi}} \tag{2.105}$$

将式（2.105）代入式（2.93），即为基于单元分解的粗糙地面回波信号计算公式。

$$y_r(t) = \frac{1}{2}\sqrt{\frac{\Delta x\Delta y\sigma_0}{\pi}}\sum_{i=1}^{MN}\frac{1}{R_i^2}o(t-\tau_i,\theta,\phi)$$

$$= \frac{1}{2}\sqrt{\frac{L_xL_y\sigma_0}{MN\pi}}\sum_{i=1}^{MN}\frac{1}{R_i^2}o(t-\tau_i,\theta,\phi) \tag{2.106}$$

按式（2.106）可仿真出粗糙地面超宽带无线电引信回波信号，如图 2.17 所示。

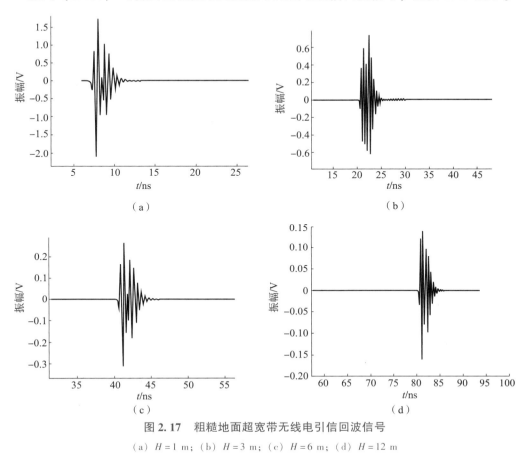

图 2.17　粗糙地面超宽带无线电引信回波信号

（a）$H=1$ m；（b）$H=3$ m；（c）$H=6$ m；（d）$H=12$ m

从图 2.17 中可以看出，随着炸高 H 的不断增加，超宽带无线电引信回波信号幅度不断减小，当炸高为 12 m 时，相比炸高 1 m 的信号幅度降低到大约 1/12。

2.5　超宽带无线电引信接收机输出信号

由超宽带无线电引信时域多普勒效应的研究得知，超宽带信号的多普勒效应表现为脉冲间隔的变化，回波信号第 i 个周期的脉冲间隔为 $T'_i = T_i + T_{id} = T_i \pm \dfrac{2T_i v_r}{c}$，其中，$T_i$ 为发射信号第 i 个周期的脉冲间隔，$T_{id} = \dfrac{2T_i v_r}{c}$ 为第 i 个周期的时域多普勒信号，如果弹目是逐渐接近的，则 T_{id} 是负值；如果弹目是逐渐远离的，则 T_{id} 是正值。

产生时域多普勒效应的根本原因在于弹目之间存在相对运动，在脉冲间隔期间，弹目之间的距离发生了变化。假设弹目之间是逐渐接近的，在发射第 i 个脉冲时，引信

与目标距离为 R，则回波延迟为 $\tau = \dfrac{2R}{c}$，由于回波信号第 i 个周期的脉冲间隔为 $T_i' = T_i + T_{id} = T_i - \dfrac{2T_i v_r}{c}$，则第 $i+1$ 个脉冲的回波延迟为 $\tau + T_i' - T_i = \tau - T_{id}$，第 $i+2$ 个脉冲的回波延迟为 $\tau - T_{id} - T_{(i+1)d}$，依次类推，第 $i+j$ 个脉冲的回波延迟为 $\tau - \sum\limits_{m=i}^{i+j-1} T_{md}$。时域多普勒效应示意图如图 2.18 所示。

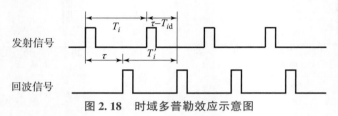

图 2.18　时域多普勒效应示意图

若取样脉冲的触发信号为发射信号触发信号的固定延迟，则取样脉冲在预定位置处进行取样。时域多普勒效应使得各周期回波与取样脉冲的时间相对位置发生变化，回波信号以 $T_{id} = \dfrac{2v_r T_i}{c} = \dfrac{2v_r (T + X_i - X_{i-1})}{c}$ 步进依次通过取样门，如图 2.19 所示。超宽带信号的时域多普勒效应使得取样积分电路工作于扫描模式，相当于取样脉冲以 T_{id} 为取样间隔对单个回波脉冲进行采样，经过多个周期，就可将淹没在噪声中的回波信号恢复出来。

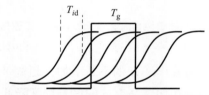

图 2.19　回波信号与取样门关系示意图

一个持续时间为 l 的周期性信号，从最初被平均重复周期为 T 取样脉冲取样，到取样脉冲移出，约需要 $M = \dfrac{l}{T_d}$ 个周期，其中，$T_d = \dfrac{2T v_r}{c}$。此时经取样积分微分电路后信号的长度为

$$l' \approx MT = \frac{lT}{T_d} = \frac{c}{2v_r} l \tag{2.107}$$

由式（2.107）可以看出，信号长度变为原来的 $\dfrac{c}{2v_r}$，假设电路输出信号波形不变，则电路输出信号的频率变为原来的 $\dfrac{2v_r}{c}$ 倍，即

$$f' = \frac{2v_{\mathrm{r}}}{c} f \tag{2.108}$$

式中：f 为输入信号频率；f' 为输出信号频率。

为便于分析接收机输入信号与输出信号频率之间的关系，假设超宽带无线电引信发射信号和取样信号为周期信号，即式（2.1）变为

$$s(t) = p(t) \cdot \sum_{k=-\infty}^{\infty} \delta(t - kT) \tag{2.109}$$

$$s_{\mathrm{d}}(t) = p(t) \cdot \sum_{k=-\infty}^{\infty} \delta\left(t - kT - \frac{2H}{c}\right) \tag{2.110}$$

由于时域多普勒效应的影响，回波信号的周期变小，即回波信号周期变为 $T - T_{\mathrm{d}}$，接收机输入信号的周期变为 $T - T_{\mathrm{d}}$。

设 $u(t)$ 为取样脉冲信号。由于 $u(t)$、$s_{\mathrm{d}}(t)$ 均为周期信号，将 $u(t)$、$s_{\mathrm{d}}(t)$ 通过傅里叶级数展开

$$u(t) = \sum_{n=-\infty}^{+\infty} C_n \mathrm{e}^{\mathrm{j}n\omega_0 t} \tag{2.111}$$

式中：$\omega_0 = \dfrac{1}{T - T_{\mathrm{d}}}$；$C_n$ 为输入信号的系数。

$$s_{\mathrm{d}}(t) = \sum_{m=-\infty}^{+\infty} D_m \mathrm{e}^{\mathrm{j}m\omega t} \tag{2.112}$$

式中：$\omega = \dfrac{1}{T}$。

接收机输出信号变为

$$
\begin{aligned}
R(t) &= \int_{-\infty}^{+\infty} u(t) \cdot s_{\mathrm{d}}(t) \, \mathrm{d}t = \int_{-\infty}^{+\infty} \sum_{n=-\infty}^{+\infty} C_n \mathrm{e}^{\mathrm{j}n\omega_0 t} \cdot \sum_{m=-\infty}^{+\infty} D_m \mathrm{e}^{\mathrm{j}m\omega t} \, \mathrm{d}t \\
&= \int_{-\infty}^{+\infty} \sum_{n=-\infty}^{+\infty} \sum_{m=-\infty}^{+\infty} \left(C_n \mathrm{e}^{\mathrm{j}n\omega_0 t} D_m \mathrm{e}^{\mathrm{j}m\omega t} \right) \mathrm{d}t \\
&= \int_{-\infty}^{+\infty} \sum_{n=-\infty}^{+\infty} \sum_{m=-\infty}^{+\infty} \left(C_n D_m \mathrm{e}^{\mathrm{j}n(\omega_0 - \omega)t} \cdot \mathrm{e}^{\mathrm{j}(m+n)\omega t} \right) \mathrm{d}t \\
&= \int_{-\infty}^{+\infty} \sum_{n=-\infty}^{+\infty} \sum_{m=-\infty}^{+\infty} \left(C_n D_m \mathrm{e}^{\mathrm{j}n\left(\frac{1}{T-T_{\mathrm{d}}} - \frac{1}{T}\right)t} \cdot \mathrm{e}^{\mathrm{j}(m+n)\omega t} \right) \mathrm{d}t \\
&= \int_{-\infty}^{+\infty} \sum_{n=-\infty}^{+\infty} \sum_{m=-\infty}^{+\infty} \left(C_n D_m \mathrm{e}^{\mathrm{j}n\left(\frac{T_{\mathrm{d}}}{T(T-T_{\mathrm{d}})}\right)t} \cdot \mathrm{e}^{\mathrm{j}(m+n)\omega t} \right) \mathrm{d}t \\
&= \int_{-\infty}^{+\infty} \sum_{n=-\infty}^{+\infty} \sum_{m=-\infty}^{+\infty} \left(C_n D_m \mathrm{e}^{\mathrm{j}n\left(\frac{2v_{\mathrm{r}}T}{c} \cdot \omega_0\right)t} \cdot \mathrm{e}^{\mathrm{j}(m+n)\omega t} \right) \mathrm{d}t \\
&= \int_{-\infty}^{+\infty} \sum_{n=-\infty}^{+\infty} \sum_{m=-\infty}^{+\infty} \left(C_n D_m \mathrm{e}^{\mathrm{j}n\left(\frac{2v_{\mathrm{r}}}{c} \cdot \omega_0\right)t} \cdot \mathrm{e}^{\mathrm{j}(m+n)\omega t} \right) \mathrm{d}t
\end{aligned} \tag{2.113}
$$

通过式（2.113）可以看出，接收机输入信号取样后，再通过低通滤波器，输出信号的频率就变为

$$\omega_d = \frac{2v_r}{c}\omega_0$$

$$f_d = \frac{2v_r}{c}f_0$$

(2.114)

由式（2.114）可以看出，超宽带无线电引信相关接收的实质是将输入信号在幅度上进行多次叠加，在频率上降低了 $\frac{2v_r}{c}$ 倍。

2.6　超宽带无线电引信探测方程

基于取样积分的超宽带无线电引信相关接收原理如图 2.20 所示，接收天线输出信号作为引信相关接收机输入信号，通过取样脉冲控制的取样门实现取样过程，取样后的信号经过积分得到相关接收输出信号。

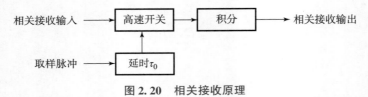

图 2.20　相关接收原理

由图 2.20 可以看出超宽带无线电引信相关接收过程实质为取样脉冲与相关接收输入信号进行相关运算，表示为

$$\begin{cases} s'_s(t-\tau_0) = \sum_{k=0}^{+\infty} r(t-kT-\tau_0) \\ s_r(t) = \sum_{k=0}^{+\infty} g(t-kT_t) \\ r'_u(t) = \int s'_s(t-\tau_0-\tau)s_r(t)\,\mathrm{d}t \end{cases}$$

(2.115)

式中：$s'_s(t-\tau_0)$ 为取样脉冲序列；$s_r(t)$ 为相关接收输入信号；$r'_u(t)$ 为相关接收输出信号；T 为发射脉冲重复周期；T_t 为回波信号重复周期。

根据时域多普勒效应，在引信接近地面的运动过程中，接收脉冲信号重复周期小于发射脉冲的重复周期，表示为

$$T_t = \left(1 - \frac{2v}{c}\right)T$$

(2.116)

式中：v 为引信相对地面的运动速度；c 为电磁波速度。

超宽带无线电引信相关接收输入脉冲序列表示为

$$s_r(t) = \sum_{k=0}^{+\infty} g(t - kT_t) = \sum_{k=0}^{+\infty} g\left[t - \left(1 - \frac{2v}{c}\right)kT\right] \tag{2.117}$$

式中：$g(t)$ 为单个相关接收输入脉冲信号。

超宽带无线电引信取样门信号与相关接收输入信号之间的时移如图 2.21 所示。

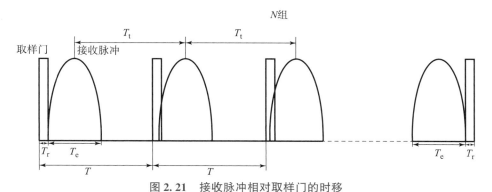

图 2.21　接收脉冲相对取样门的时移

根据图 2.21 所示的时移关系可得

$$(N-1)T = (N-1)T_t + T_r + T_e$$
$$= (N-1)\left(1 - \frac{2v}{c}\right)T + T_r + T_e \tag{2.118}$$

式中：N 为取样脉冲个数；T_r 为取样脉冲宽度；T_e 为接收的相关接收输入信号宽度。

整理式（2.118）计算可得

$$N - 1 = \left\langle \frac{c(T_r + T_e)}{2vT} \right\rangle \tag{2.119}$$

式中：$\langle \cdot \rangle$ 为取整符号。

根据式（2.119）将式（2.115）中前两式改写为

$$s_r(t) = \sum_{k=0}^{N-1} g\left[t - \left(1 - \frac{2v}{c}\right)kT\right] \tag{2.120}$$

$$s_s'(t - \tau_0) = \sum_{k=0}^{N-1} r(t - kT - \tau_0) \tag{2.121}$$

取样脉冲与相关接收输入信号相关过程取值范围如图 2.22 所示，相关接收输入脉冲通过取样门经过的区间为

$$\tau \in \left[-\frac{T_r + T_e}{2}, \frac{T_r + T_e}{2}\right] \tag{2.122}$$

超宽带无线电引信在图 2.22 所示的区间内完成取样门与相关接收输入信号的相关运算，引信预定炸高 h_0 表示为

$$h_0 = \frac{\tau_0 c}{2} \tag{2.123}$$

式中：τ_0 为取样门信号的预定延迟时间。

图 2.22 所示的相关接收区间表示为

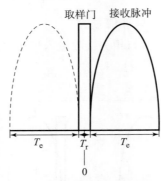

取样门　接收脉冲

T_e　T_r　T_e

0

图 2.22　取样门与回波脉冲相关过程

$$\left[h_0 - \frac{N-1}{2}Tv, h_0 + \frac{N-1}{2}Tv \right] = \left[h_0 - \frac{Tv}{2}\left\langle \frac{c(T_r + T_e)}{2vT} \right\rangle, h_0 + \frac{Tv}{2}\left\langle \frac{c(T_r + T_e)}{2vT} \right\rangle \right]$$

$$(2.124)$$

式（2.124）表示的区间即为取样门与相关接收输入信号相关运算过程中引信距离地面的高度范围，用引信距地面高度表示相关运算的取值范围：

$$\frac{\tau + \dfrac{T_r + T_e}{2}}{h - h_0 + \dfrac{N-1}{2}Tv} = \frac{\dfrac{T_r + T_e}{2}}{h_0 - \dfrac{N-1}{2}Tv} \qquad (2.125)$$

式中：h 为引信距离地面的高度，$h \in \left[h_0 - \dfrac{N-1}{2}Tv, \ h_0 + \dfrac{N-1}{2}Tv \right]$。

整理式（2.125）得

$$\tau = (T_r + T_e)\left[\frac{h}{2h_0 - (N-1)Tv} - 1 \right], \ h \in \left[h_0 - \frac{N-1}{2}Tv, h_0 + \frac{N-1}{2}Tv \right] \quad (2.126)$$

超宽带无线电引信相关接收函数表达式为

$$
\begin{aligned}
r_u(h) &= \int_{-\infty}^{+\infty} r(t)g(t - \tau)\mathrm{d}t \\
&= \int_{-\infty}^{+\infty} r(t)g\left\{ t - (T_r + T_e)\left[\frac{h}{2h_0 - (N-1)Tv} - 1 \right] \right\}\mathrm{d}t
\end{aligned}
\qquad (2.127)
$$

式中：$h \in \left[h_0 - \dfrac{N-1}{2}Tv, \ h_0 + \dfrac{N-1}{2}Tv \right]$，$N - 1 = \left\langle \dfrac{c(T_r + T_e)}{2vT} \right\rangle$。

超宽带无线电引信发射信号经过发射天线、地面散射和接收天线后得到的信号表示为

$$g'(t) = G(t) \cdot h_t(t, \theta, \phi) \cdot h_g(t, \theta, \phi) \cdot h_r(t, \theta, \phi) \qquad (2.128)$$

令 $s(t) = G(t) \cdot h_{\mathrm{t}}(t,\theta,\phi) \cdot h_{\mathrm{r}}(t,\theta,\phi)$，基于单元分解法的地面回波信号表示为

$$e_0(t) = \sum_{q=1}^{M_e N_e} s\left(t - \frac{2R_q}{c}, \theta, \phi\right) \qquad (2.129)$$

式中：$M_e N_e$ 为分解的单元数量；R_q 为引信到地面单元的距离。

考虑到超宽带信号自由空间的衰减，粗糙地面引信相关接收输入信号表示为

$$
\begin{aligned}
e(t) &= L_{\mathrm{f}}(d, f) e_0(t) \\
&= L_{\mathrm{f}}(2h, f) e_0(t) \\
&= L_{\mathrm{f}}(2h, f) \sum_{q=1}^{M_e N_e} s\left(t - \frac{2R_q}{c}, \theta, \phi\right) \\
&= \sum_{q=1}^{M_e N_e} L(2R_q, f) s\left(t - \frac{2R_q}{c}, \theta, \phi\right) \qquad (2.130)
\end{aligned}
$$

为简化计算，忽略天线在不同辐射方向上辐射波形的不同，弹丸垂直入射，发射信号脉宽为 200 ps 时的回波信号如图 2.23 所示。

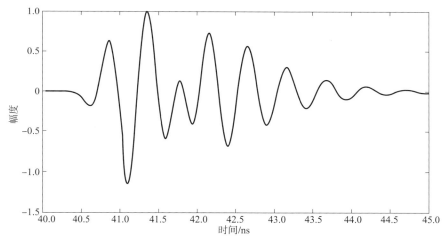

图 2.23　地面目标引信回波信号

取样脉冲信号 $r(t)$ 用高斯二阶导函数表示，将式（2.130）代入式（2.127）得超宽带无线电引信相关接收探测方程为

$$
\begin{aligned}
U_{\mathrm{H}}(h) &= \int_{-\infty}^{+\infty} r(t) e(t - \tau) \mathrm{d}t \\
&= \int_{-\infty}^{+\infty} r(t) \sum_{q=1}^{M_e N_e} L[2R_q(h), f] s\left[t - \frac{2R_q(h)}{c} - \tau, \theta, \phi\right] \mathrm{d}t \\
&= \int_{-\infty}^{+\infty} r(t) \sum_{q=1}^{M_e N_e} L[2R_q(h), f] s\left\{t - \frac{2R_q(h)}{c} - (T_{\mathrm{r}} + T_e)\left[\frac{h}{2h_0 - (N-1)Tv} - 1\right], \theta, \phi\right\} \mathrm{d}t
\end{aligned}
$$

$$(2.131)$$

式中：$h \in \left[h_0 - \dfrac{N-1}{2}Tv, h_0 + \dfrac{N-1}{2}Tv\right]$，$N-1 = \left\langle \dfrac{c(T_r + T_e)}{2vT} \right\rangle$。

超宽带无线电引信工作过程中相关接收机输出信号混叠的噪声记为 $n(t)$，超宽带无线电引信相关接收探测方程表示为

$$U_H(h) = \int_{-\infty}^{+\infty} r(t) \sum_{q=1}^{M_e N_e} L\left[2R_q(h), f\right] s\left\{t - \dfrac{2R_q(h)}{c} - (T_r + T_e) \cdot \right.$$
$$\left. \left[\dfrac{h}{2h_0 - (N-1)Tv} - 1\right], \theta, \phi \right\} \mathrm{d}t + n(t) \qquad (2.132)$$

式中：$n(t)$ 为高斯白噪声；$h \in \left[h_0 - \dfrac{N-1}{2}Tv, \ h_0 + \dfrac{N-1}{2}Tv\right]$；$N-1 = \left\langle \dfrac{c(T_r + T_e)}{2vT} \right\rangle$。

根据式（2.132）表示的超宽带无线电引信探测方程可以得到不同炸高处引信相关接收机输出信号波形。取样脉冲和发射脉冲为脉冲宽度 200 ps 的高斯二阶导函数，$T = 100$ ns，$v = 200$ m/s，$h_0 = 3$ m，6 m，9 m 时引信相关接收机输出信号波形如图 2.24 所示。

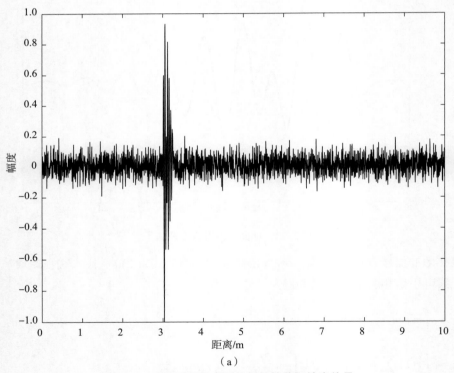

图 2.24　不同预设炸高引信相关接收机输出信号

（a）预设炸高 3 m 时引信相关接收机输出信号

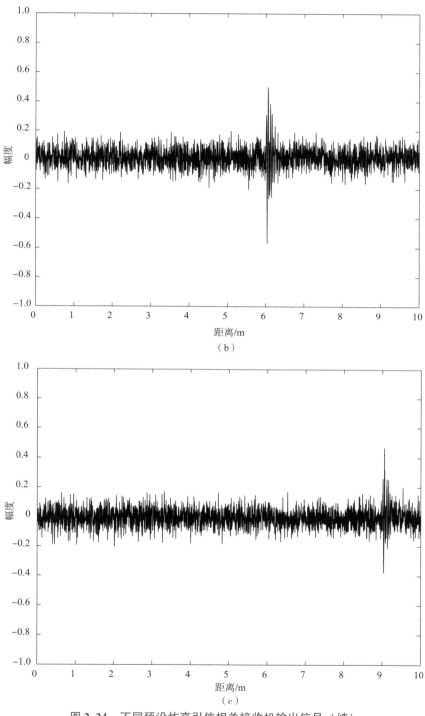

（b）

（c）

图 2.24　不同预设炸高引信相关接收机输出信号（续）

（b）预设炸高 6 m 时引信相关接收机输出信号；（c）预设炸高 9 m 时引信相关接收机输出信号

第3章　超宽带无线电引信探测性能

模糊函数是对信号进行波形分析和波形设计的有效数学工具。模糊函数仅由信号波形决定，它回答了在采用最优信号处理条件下，系统将具有什么样的分辨力、模糊度、测量精度和杂波抑制能力。

本章将在超宽带信号时域多普勒效应的研究基础上，推导等间隔超宽带脉冲串和随机脉位调制超宽带脉冲串的模糊函数，从信号形式角度分析超宽带信号的探测性能，指出其在测距精度及抗干扰方面的优越性。

3.1　超宽带信号的模糊函数

模糊函数的根本出发点是衡量信号对两个不同距离、不同速度的目标的分辨能力，正弦窄带信号的模糊函数将距离、速度分辨的问题归结为回波信号按时延和频移分辨的问题。由于超宽带信号没有频域多普勒效应，因此不能将正弦窄带信号的模糊函数简单应用在超宽带信号上。下面采用均方差准则作为最佳分辨准则来推导超宽带信号的模糊函数。

3.1.1　等间隔超宽带脉冲串的模糊函数

等间隔超宽带脉冲串的数学表达式为

$$u(t) = \sum_{i=0}^{N-1} p(t - iT) \tag{3.1}$$

式中：T 为脉冲重复周期。

对于理想点目标"1"，具有时延 x 和多普勒时移 y 的回波信号表达式为

$$u_{r_1}(t) = \sum_{i=0}^{N-1} p[t - x - i(T - y)] \tag{3.2}$$

对于理想点目标"2"，相对于基准目标"1"具有时延 τ 和多普勒时移 T_d，则目标"2"的回波信号表达式为

$$u_{r_2}(t) = \sum_{i=0}^{N-1} p[t - (x + \tau) - i(T - y - T_d)] \tag{3.3}$$

将两目标回波信号分别记作 $u(t; \boldsymbol{v}_1)$ 和 $u(t; \boldsymbol{v}_2)$，矢量 $\boldsymbol{v}$ 的两个分量为时延和多普

勒时移。设 $u(t; \boldsymbol{v}_1)$ 和 $u(t; \boldsymbol{v}_2)$ 有 n 个离散观测值，记作矢量 $\boldsymbol{u} = [u_1, u_2, \cdots, u_n; \boldsymbol{v}_1]^{\mathrm{T}}$ 和 $\boldsymbol{u} = [u_1, u_2, \cdots, u_n; \boldsymbol{v}_2]^{\mathrm{T}}$，其中，$u_k = u(kt_s)$，$k = 1, 2, 3, \cdots, n$。当 $t_s \to 0$ 时，有 $\boldsymbol{u} \to u(t)$。因此，当 n 充分大时，可用 n 维空间 C^n 中的矢量 $\boldsymbol{u}(\boldsymbol{v}_1) = [u_1(\boldsymbol{v}_1), u_2(\boldsymbol{v}_1), \cdots, u_n(\boldsymbol{v}_1)]$ 和 $\boldsymbol{u}(\boldsymbol{v}_2) = [u_1(\boldsymbol{v}_2), u_2(\boldsymbol{v}_2), \cdots, u_n(\boldsymbol{v}_2)]$ 来近似信号 $u(t; \boldsymbol{v}_1)$ 和 $u(t; \boldsymbol{v}_2)$。矢量 $\boldsymbol{u}(\boldsymbol{v})$ 在 C^n 中的位置与 $\boldsymbol{v}$ 的取值有关，$\boldsymbol{u}(\boldsymbol{v}_1)$ 和 $\boldsymbol{u}(\boldsymbol{v}_2)$ 在 C^n 中有不同的位置，如图 3.1 所示，因此可用 $\boldsymbol{u}(\boldsymbol{v}_1)$ 和 $\boldsymbol{u}(\boldsymbol{v}_2)$ 两点间的距离来度量它们之间的可分辨程度。

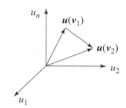

图 3.1　用 n 维空间中的距离度量信号间的分辨能力

以 $\varepsilon^2(\boldsymbol{v}_1, \boldsymbol{v}_2)$ 表示 $\boldsymbol{u}(\boldsymbol{v}_1)$ 和 $\boldsymbol{u}(\boldsymbol{v}_2)$ 之间距离的平方，即

$$\varepsilon^2(\boldsymbol{v}_1, \boldsymbol{v}_2) = \sum_{k=1}^{n} |u_k(\boldsymbol{v}_2) - u_k(\boldsymbol{v}_1)|^2 \tag{3.4}$$

将取样无限加密，即 $t_s \to 0$，式（3.4）变为积分的形式，即

$$\varepsilon^2(\boldsymbol{v}_1, \boldsymbol{v}_2) = \int_{-\infty}^{\infty} |u(t; \boldsymbol{v}_2) - u(t; \boldsymbol{v}_1)|^2 \mathrm{d}t \tag{3.5}$$

式（3.5）即为 $\boldsymbol{u}(\boldsymbol{v}_1)$ 与 $\boldsymbol{u}(\boldsymbol{v}_2)$ 的均方差，其几何意义为距离的平方。

对于式（3.2）和式（3.3）所示的两目标回波信号，均方差为

$$\varepsilon^2 = \int_{-\infty}^{\infty} \left| \sum_{i=0}^{N-1} p[t - x - i(T - y)] - \sum_{i=0}^{N-1} p[t - (x + \tau) - i(T - y - T_{\mathrm{d}})] \right|^2 \mathrm{d}t$$

$$= \int_{-\infty}^{\infty} \left| \sum_{i=0}^{N-1} p[t - x - i(T - y)] \right|^2 \mathrm{d}t + \int_{-\infty}^{\infty} \left| \sum_{i=0}^{N-1} p[t - (x + \tau) - i(T - y - T_{\mathrm{d}})] \right|^2 \mathrm{d}t -$$

$$2 \int_{-\infty}^{\infty} \sum_{i=0}^{N-1} p[t - x - i(T - y)] \sum_{i=0}^{N-1} p[t - (x + \tau) - i(T - y - T_{\mathrm{d}})] \mathrm{d}t \tag{3.6}$$

式中：$\int_{-\infty}^{\infty} \left| \sum_{i=0}^{N-1} p[t - x - i(T - y)] \right|^2 \mathrm{d}t$ 为理想点目标"1"的回波信号能量，记为 E_1；

$\int_{-\infty}^{\infty} \left| \sum_{i=0}^{N-1} p[t - (x + \tau) - i(T - y - T_{\mathrm{d}})] \right|^2 \mathrm{d}t$ 为理想点目标"2"的回波信号能量，记为 E_2。不考虑信号传输过程中的衰减，$E_1 = E_2 = E$。

令 $t - (x + \tau) = t'$，对式（3.6）进行变量代换，得

$$\varepsilon^2 = 2E - 2 \int_{-\infty}^{\infty} \sum_{i=0}^{N-1} p[t + \tau - i(T - y)] \sum_{i=0}^{N-1} p[t - i(T - y - T_{\mathrm{d}})] \mathrm{d}t \tag{3.7}$$

令 $y = 0$，定义下式为等间隔超宽带脉冲串的模糊函数：

$$\chi(\tau, T_{\mathrm{d}}) = \int_{-\infty}^{\infty} \sum_{i=0}^{N-1} p(t + \tau - iT) \sum_{i=0}^{N-1} p[t - i(T - T_{\mathrm{d}})] \mathrm{d}t \qquad (3.8)$$

由式（3.8）可以看出，等间隔超宽带脉冲串的模糊函数将不同距离、不同速度目标的分辨问题转化为对回波信号时延、多普勒时移的分辨问题。

当 $N = 10$，$T = 10$ ns，$\Delta T = 0.5$ ns 时，等间隔超宽带脉冲串的归一化模糊函数图如图 3.2 所示。

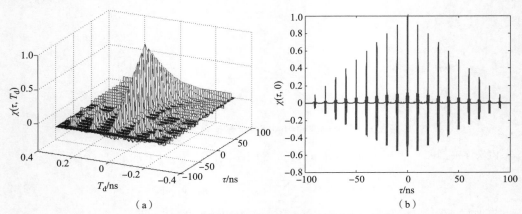

图 3.2 等间隔超宽带脉冲串的归一化模糊函数图

（a）三维模糊图；（b）距离模糊图

由图 3.2 可以看出，等间隔超宽带脉冲串的模糊图关于 $T_{\mathrm{d}} = 0$ 平面对称分布，但并不关于 $\tau = 0$ 平面对称。它的距离模糊图是由 $2N - 1$ 个脉冲组成的脉冲串，重复周期为 T，假设脉冲按时延从小到大依次编号为 P，$P = -N$，$-N + 1$，$\cdots$，0，1，$\cdots$，N，则脉冲 P 的幅度为 $(N - |P|)/N$。等间隔脉冲串的距离模糊函数存在模糊瓣，最大无模糊距离为 $cT/2$。

3.1.2 随机脉位调制超宽带脉冲串的模糊函数

利用超宽带信号进行目标探测时，可利用的信息只有脉冲的幅度、脉冲的位置、脉冲的极性以及脉冲的波形，因此可用的调制方式主要有脉冲位置调制、脉冲极性调制、正交脉冲波形调制和脉冲开关键控。在超宽带无线电引信中，考虑到调制方式的复杂程度和工程实现，这里主要研究随机脉位调制。

随机脉位调制超宽带脉冲串的数学表达式为

$$u(t) = \sum_{i=0}^{N-1} p(t - iT - X_i) \qquad (3.9)$$

式中：X_i 为 $[0, T_0]$ 上均匀分布的随机变量，且满足 $i \neq j$ 时，X_i 与 X_j 相互独立。高斯二阶导数脉冲底宽约为 $3\Delta T$，为避免脉冲重叠，应满足条件 $T_0 \leqslant T - 3\Delta T$。将第 i 个

脉冲与第 $i+1$ 个脉冲之间的时间间隔记为 T_i，则 $T_i = T + X_i - X_{i-1}$。

随机脉位调制脉冲串的脉冲间隔是随机变化的，多普勒时移也是随机变化的，对于理想点目标"1"，具有时延 x 的回波信号表达式为

$$u_{r_1}(t) = \sum_{i=0}^{N-1} p\left(t - x - iT - X_i + \sum_{j=1}^{i} \frac{2T_j v_1}{c}\right)$$
$$= \sum_{i=0}^{N-1} p\left[t - x - iT - X_i + \frac{2(iT + X_i - X_0)v_1}{c}\right] \quad (3.10)$$

式中：v_1 为发射机与目标"1"的接近速度。

对于理想点目标"2"，相对于基准目标"1"具有时延 τ 和接近速度 v_2，回波信号表达式为

$$u_{r_2}(t) = \sum_{i=0}^{N-1} p\left[t - (x+\tau) - iT - X_i + \frac{2(iT + X_i - X_0)(v_1 + v_2)}{c}\right]$$
$$(3.11)$$

这里仍将均方差准则作为最佳分辨准则来推导随机脉位调制超宽带信号的模糊函数。由式（3.10）和式（3.11）可得两目标回波信号的均方差为

$$\varepsilon^2 = \int_{-\infty}^{\infty} \left| \begin{array}{l} \sum_{i=0}^{N-1} p\left[t - x - iT - X_i + \frac{2(iT + X_i - X_0)v_1}{c}\right] - \\ \sum_{i=0}^{N-1} p\left[t - (x+\tau) - iT - X_i + \frac{2(iT + X_i - X_0)(v_1 + v_2)}{c}\right] \end{array} \right|^2 dt$$

$$= \int_{-\infty}^{\infty} \left| \sum_{i=0}^{N-1} p\left[t - x - iT - X_i + \frac{2(iT + X_i - X_0)v_1}{c}\right] \right|^2 dt +$$

$$\int_{-\infty}^{\infty} \left| \sum_{i=0}^{N-1} p\left[t - (x+\tau) - iT - X_i + \frac{2(iT + X_i - X_0)(v_1 + v_2)}{c}\right] \right|^2 dt -$$

$$2\int_{-\infty}^{\infty} \sum_{i=0}^{N-1} p\left[t - x - iT - X_i + \frac{2(iT + X_i - X_0)v_1}{c}\right]$$
$$\sum_{i=0}^{N-1} p\left[t - (x+\tau) - iT - X_i + \frac{2(iT + X_i - X_0)(v_1 + v_2)}{c}\right] dt \quad (3.12)$$

式中：$\int_{-\infty}^{\infty} \left| \sum_{i=0}^{N-1} p\left[t - x - iT - X_i + \frac{2(iT + X_i - X_0)v_1}{c}\right] \right|^2 dt$ 为理想点目标"1"的回波信号能量，记为 E_1；$\int_{-\infty}^{\infty} \left| \sum_{i=0}^{N-1} p\left[t - (x+\tau) - iT - X_i + \frac{2(iT + X_i - X_0)(v_1 + v_2)}{c}\right] \right|^2 dt$ 为理想点目标"2"的回波信号能量，记为 E_2。不考虑信号传输过程中的衰减，$E_1 = E_2 = E$。

令 $t - (x+\tau) = t$，对式（3.12）进行变量代换得

$$\varepsilon^2 = 2E - 2\int_{-\infty}^{\infty} \left| \sum_{i=0}^{N-1} p\left[t + \tau - iT - X_i + \frac{2(iT + X_i - X_0)v_1}{c}\right] \right.$$

$$\sum_{i=0}^{N-1} P\left[t - iT - X_i + \frac{2(iT + X_i - X_0)(v_1 + v_2)}{c}\right]\Bigg| \mathrm{d}t \tag{3.13}$$

令 $v_1 = 0$，$v_2 = v$，定义下式为随机脉位调制超宽带脉冲串的模糊函数：

$$\chi(\tau, v) = \int_{-\infty}^{\infty} \sum_{i=0}^{N-1} p(t + \tau - iT - X_i) \sum_{i=0}^{N-1} p\left[t - iT - X_i + \frac{2(iT + X_i - X_0)v}{c}\right]\mathrm{d}t \tag{3.14}$$

由以上分析可以看出，对随机脉位调制超宽带脉冲串而言，在不同的脉冲重复周期，多普勒时移是变化的，因此它的模糊函数不能写为时延和多普勒时移的函数，而写为时延与速度的函数。

当 $N = 10$，$T = 10$ ns，$\Delta T = 0.5$ ns，T_0 等于 3 ns 和 8 ns 时，取 20 次样本统计平均后的随机脉位调制超宽带脉冲串的归一化模糊函数图分别如图 3.3 和图 3.4 所示。

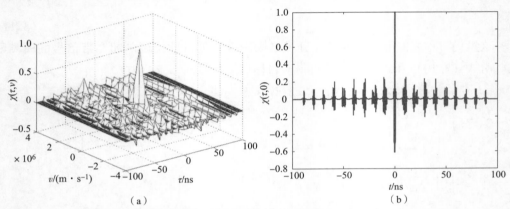

（a）　　　　　　　　　　　　　（b）

图 3.3　随机脉位调制超宽带脉冲串的归一化模糊函数图（$T_0 = 0.3T$）

（a）三维模糊图；（b）距离模糊图

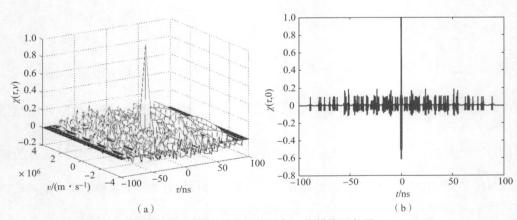

（a）　　　　　　　　　　　　　（b）

图 3.4　随机脉位调制超宽带脉冲串的归一化模糊函数图（$T_0 = 0.8T$）

（a）三维模糊图；（b）距离模糊图

由图 3.3 和图 3.4 可以看出，随机脉位调制超宽带脉冲串模糊函数近似为"图钉型"，距离模糊瓣的高度随调制系数的增大而减小。

3.2 超宽带无线电引信测距精度

根据信号参量估计理论，在平稳高斯白噪声条件下，对信号采用最佳匹配处理，信号参量的估计精度（如测距精度）完全取决于信噪比以及信号模糊函数的模平方在原点的二阶偏导数矩阵，而后者又仅由信号形式决定。

测距精度可通过估计时延误差而得到，时延估计误差为

$$\sigma_{\tau_0} = \frac{1}{\sqrt{2}\beta(E/N_0)^{1/2}} \tag{3.15}$$

式中：E/N_0 为信噪比；β 为信号的等效带宽。

将超宽带无线电引信发射信号距离模糊函数的模平方 $|\chi(\tau,0)|^2$ 在 $\tau=0$ 处作麦克劳林级数展开，得到

$$|\chi(\tau,0)|^2 \approx |\chi(\tau,0)|^2\big|_{\tau=0} + \frac{\partial|\chi(\tau,0)|^2}{\partial\tau}\bigg|_{\tau=0} + \frac{1}{2}\frac{\partial^2|\chi(\tau,0)|^2}{\partial\tau^2}\bigg|_{\tau=0}$$
$$= 1 - \beta^2\tau^2 \tag{3.16}$$

这里采用 6 dB 宽度（半电压宽度）来考虑信号的距离分辨力，定义距离模糊函数主瓣半电压宽度为 $2\tau_s$，则 $|\chi(\tau_s,0)| = \frac{1}{2}$，$|\chi(\tau_s,0)|^2 \approx 1 - \beta^2\tau_s^2 = \frac{1}{4}$，从而求出 $\tau_s = \frac{\sqrt{3}}{2\beta}$。把该结果代入式（3.15），得

$$\sigma_{\tau_0} = \frac{1}{\sqrt{2}\beta(E/N_0)^{1/2}} = \frac{\sqrt{6}\tau_s}{3}\frac{1}{\sqrt{E/N_0}} \tag{3.17}$$

从式（3.17）可以看出，在同一信噪比条件下，时延估计误差正比于 τ_s。距离模糊函数的主瓣宽度越窄，时延估计精度就越高。以 τ_s 来表示信号的时延估计误差，对应的测距精度为

$$\Delta R = \tau_s c/2 \tag{3.18}$$

等间隔超宽带脉冲串和随机脉位调制超宽带脉冲串的距离模糊函数主瓣如图 3.5 所示。

由图 3.5 可得，超宽带脉冲串的距离模糊函数主瓣半电压宽度 $2\tau_s \approx 0.52\Delta T$，由此可得测距精度 $\Delta R = 0.13\Delta Tc$。

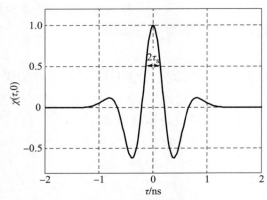

图 3.5　超宽带脉冲串的距离模糊函数主瓣

3.3　超宽带无线电引信抗干扰性能

无线电引信抗干扰性能的优劣是引信工作体制、工作带宽和信号处理方法等综合性能的体现。无线电引信抗干扰的实质是从回波信号中分辨并提取有用信号，抑制和消除干扰信号，而干扰信号和有益信号之间的差异主要包括信号能量、空间特性、时间特性、频域特性、信号特征数和极化方向等。因此，无线电引信的抗干扰，应从能量选择、距离选择、时间选择、频域选择、极化选择和体制选择等方面去寻找解决办法。

本节将首先从超宽带无线电引信发射信号形式的角度来衡量其抗干扰性能，主要体现在信号的频谱特性、距离截止特性等方面，然后以信干比增益作为衡量标准来定量研究超宽带无线电引信抗噪声和抗正弦干扰性能，得到影响超宽带无线电引信抗干扰能力的信号特征参数，指出提高其抗干扰性能的措施。

3.3.1　超宽带信号的频谱特性

将等间隔超宽带脉冲串写为高斯二阶导数与冲激脉冲串卷积的形式：

$$u(t) = p(t) \otimes \sum_{i=0}^{N-1} \delta(t - iT) \tag{3.19}$$

由时域卷积定理可知，时域的卷积运算等效于频域的乘积运算，由此可得等间隔超宽带脉冲串的频谱为

$$U(f) = \sum_{n=0}^{N-1} e^{-j2\pi f nT} = W(f) e^{-j\pi f(N-1)T} \frac{\sin(N\pi fT)}{\sin(\pi fT)} \tag{3.20}$$

其中，高斯二阶导数的频谱为

$$W(f) = 2\pi f^2 \Delta T^3 e^{-\pi(f\Delta T)^2} \tag{3.21}$$

$N = 10$，$T = 10$ ns，$\Delta T = 0.5$ ns 时的等间隔超宽带脉冲串频谱如图 3.6 所示。

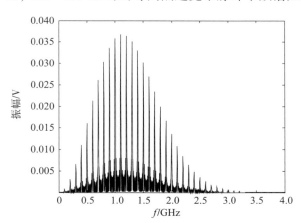

图 3.6　等间隔超宽带脉冲串频谱

由图 3.6 可以看出，等间隔超宽带脉冲串信号的频谱呈梳齿形状，各梳齿顶点的包络形状由子脉冲频谱 $W(f) = 2\pi f^2 \Delta T^3 e^{-\pi(f\Delta T)^2}$ 决定，子脉冲宽度越小，频谱包络越宽。齿间距离为 $\dfrac{1}{T}$，齿的形状近似为 $\dfrac{\sin(N\pi fT)}{\sin(\pi fT)}$，当 $N \gg 1$ 时，$\dfrac{\sin(N\pi fT)}{\sin(\pi fT)} \approx$ $N\dfrac{\sin(N\pi fT)}{N\pi fT} \approx N\mathrm{sinc}(N\pi fT)$，齿宽为 $\dfrac{2}{NT}$，N 越大，齿宽越窄，当脉冲个数 N 趋于无穷大时，频谱成为理想的线状谱。

采用同样的方法可得随机脉位调制超宽带脉冲串的频谱为

$$U(f) = 2\pi f^2 \Delta T^3 e^{-\pi(f\Delta T)^2} \sum_{n=0}^{N-1} e^{-j2\pi fn(T+X_i)} \tag{3.22}$$

当 $N = 10$，$T = 10$ ns，$\Delta T = 0.5$ ns，T_0 等于 8 ns 时，取 20 次样本统计平均后的随机脉位调制超宽带脉冲串频谱如图 3.7 所示。

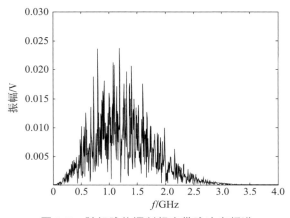

图 3.7　随机脉位调制超宽带脉冲串频谱

由超宽带脉冲串的频谱分析可以看出，超宽带信号的能量分布在很宽的频带范围内，信号的功率谱密度很低。随机脉位调制超宽带脉冲串的频谱与调制参数 X_i 有关，具有随机性质，大大增加了回答式干扰机侦察接收系统的检测难度。对于有源噪声干扰，由于信号带宽很宽，干扰机发射宽带噪声，从而降低了干扰的谱密度，要达到一定的干扰效果必须加大干扰功率。因此超宽带信号具有较强的抗回答式和阻塞式干扰能力。

3.3.2　距离截止特性

引信的锐距离截止特性可消除预定距离外的背景干扰，还可提高引信抗转发式干扰的能力，这是由于转发式干扰相对于目标反射信号均有一定的延迟，当转发延时后的距离在引信预定距离之外时，转发式干扰将失去作用。

提高引信锐距离截止特性的方法之一是提高引信发射信号的距离截止特性。信号的距离截止特性是指信号的距离模糊函数对来自预定作用距离范围之外的信号的抑制能力。由距离模糊函数的物理意义可知，信号的距离截止特性取决于信号距离模糊函数的主瓣宽度以及主旁瓣比值。

由等间隔超宽带脉冲串和随机脉位调制超宽带脉冲串的距离模糊函数可知，距离模糊函数的主瓣宽度 $2\tau_c \approx 5\Delta T$，如图 3.8 所示，因此截止距离为

$$R_{\text{off}} = 5\Delta T \times \frac{c}{2} = \frac{5c\Delta T}{2} \tag{3.23}$$

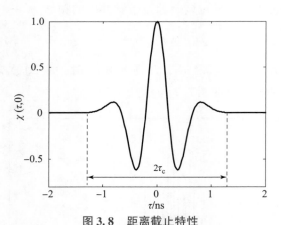

图 3.8　距离截止特性

此外，距离模糊函数的主旁瓣比值越大，信号在距离截止区抑制干扰的能力越强，由此可知随机脉位调制超宽带脉冲串的距离截止特性要优于等间隔超宽带脉冲串。由随机脉位调制脉冲串的距离模糊函数分析可知，信号的距离截止特性与主旁瓣比调制范围有关，调制范围 T_0 越大，信号的距离截止特性越好。

3.3.3　相关接收信干比增益

假设相关接收的本地参考信号为经过预定延迟的发射信号，数学表达式为

$$u_1(t) = A \sum_{i=0}^{N-1} p(t - iT - X_i - \tau_0) \tag{3.24}$$

式中：A 为本地参考信号幅度；$\tau_0 = 2h_0/c$，h_0 为引信预定炸高。

对于理想点目标，随机脉位调制超宽带信号的回波表达式为

$$u_r(t) = A_r(t) \sum_{i=0}^{N-1} p\left[t - iT - X_i + \frac{2(iT + X_i - X_0)v}{c} - \tau \right] \tag{3.25}$$

式中：$A_r(t)$ 为回波幅值；$\tau = 2H/c$ 为回波延迟时间，H 为 $t = 0$ 时刻的弹目距离。

将目标回波信号与本地参考信号在一个调制周期 T_r 内进行相关运算，可得相关器的输出信号为

$$
\begin{aligned}
u_R &= \int_{T_r} u_r(t) u_1(t)\, dt \\
&= AA_r(t) \int_{T_r} \sum_{i=0}^{N-1} p\left[t - iT - X_i - \tau + \frac{2(iT + X_i - X_0)v}{c} \right] \sum_{j=0}^{N-1} p(t - jT - X_j - \tau_0)\, dt
\end{aligned}
$$
$$\tag{3.26}$$

将相关器看作线性时不变系统，相关器的输出为目标回波信号与相关器单位冲激响应 $h(t)$ 的卷积。相关器的单位冲激响应 $h(t)$ 为

$$h(t) = u_1(-t) = A \sum_{i=0}^{N-1} p(-t - iT - X_i - \tau_0) = A \sum_{i=0}^{N-1} p(t + iT + X_i + \tau_0) \tag{3.27}$$

假设本地延迟信号中各周期脉冲起点位置为 $q_1, q_2, \cdots, q_N$，$q_i = (i-1)T + X_i + \tau_0, i = 1, 2, \cdots, N$。设 $p_i = (i-1)T + X_i, i = 1, 2, \cdots, N$，则相关器的频率响应为

$$H(j\omega) = AW(j\omega) e^{j\omega\tau_0} (e^{j\omega p_1} + e^{j\omega p_2} + \cdots + e^{j\omega p_N}) \tag{3.28}$$

各种环境噪声的瞬时幅度的概率分布满足高斯正态分布规律，假设环境噪声是均值为零、方差为 σ^2、双边功率谱密度为 $N_0/2$ 的加性高斯白噪声 $n(t)$，回波信号表达式为

$$r(t) = u_r(t) + n(t) = A_r(t) \sum_{i=0}^{N-1} p\left[t - iT - X_i + \frac{2v(iT + X_i - X_0)}{c} - \tau \right] + n(t) \tag{3.29}$$

相关检测前回波信号中有用信号的平均功率为

$$P_{u_r(t),in} = \frac{1}{T_r} \int_{T_r} \left\{ A_r(t) \sum_{i=0}^{N-1} p\left[t - iT - X_i + \frac{2v(iT + X_i - X_0)}{c} - \tau \right] \right\}^2 dt \tag{3.30}$$

引信进行相关接收时，在一个调制周期内进行积分运算时，回波信号的幅度基本

保持不变，因而 $A_r(t)$ 可以移到积分符号的外面，式（3.30）化简为

$$P_{u_r(t),in} = \frac{NA_r^2 E}{T_r} \qquad (3.31)$$

式中：E 为单个脉冲能量；T_r 为调制周期。

引信是个限带系统，假设系统带宽为 B，高斯白噪声经过引信接收系统后，变为窄带噪声，其自相关函数为

$$R_n(\tau) = \frac{N_0}{2} \int_{-f_0-\frac{B}{2}}^{-f_0+\frac{B}{2}} e^{j2\pi f\tau} df + \frac{N_0}{2} \int_{f_0-\frac{B}{2}}^{f_0+\frac{B}{2}} e^{j2\pi f\tau} df$$

$$= BN_0 \frac{\sin(\pi B\tau)}{\pi B\tau} \cos(2\pi f_0\tau) \qquad (3.32)$$

式中：f_0 为中心带宽。

窄带高斯噪声的平均功率为

$$P_{n(t),in} = R_n(0) = BN_0 \qquad (3.33)$$

为使超宽带信号不失真地通过，超宽带无线电引信系统带宽应大于信号谱宽，这里假定 B 等于超宽带信号谱宽。

由式（3.31）和式（3.33），可得相关检测前信噪比为

$$SNR_{in} = \frac{P_{u_r(t),in}}{P_{n(t),in}} = \frac{NA_r^2 E}{T_r BN_0} \approx \frac{A_r^2 E}{TBN_0} \qquad (3.34)$$

下面计算相关检测后的输出信噪比。将含有随机噪声的目标回波信号与本地参考信号在一个调制周期内进行相关运算，可得相关器的输出波形为

$$u_R(t) = \int_{T_r} [u_r(t) + n(t)] u_1(t) dt = \int_{T_r} u_r(t) u_1(t) dt + \int_{T_r} n(t) u_1(t) dt \qquad (3.35)$$

当 $\tau = \tau_0$ 时，相关器输出有用信号的最大值为

$$\int_{T_r} u_r(t) u_1(t) dt$$

$$= AA_r(t) \int_{T_r} \sum_{i=0}^{N-1} p\left[t - iT - X_i - \tau_0 + \frac{2v(iT + X_i - X_0)}{c} \right] \sum_{j=0}^{N-1} p(t - jT - X_j - \tau_0) dt$$

$$(3.36)$$

当相关接收积累脉冲个数 N 满足条件 $\frac{2vN}{c} < 1$ 时，且 $\frac{2v[(N-1)T + X_i - X_0]}{c} < T$ 成立，式（3.36）可写为

$$\int_{T_r} u_r(t) u_1(t) dt = AA_r \sum_{i=0}^{N-1} R\left[\frac{2v(iT + X_i - X_0)}{c} \right] \qquad (3.37)$$

式中：$R(\cdot)$ 为相关函数。

此时相关器输出的最大峰值功率为

$$(P_{u_r(t),\text{out}})_{\max} = A^2 A_r^2 \left\{ \sum_{i=0}^{N-1} R\left[\frac{2v(iT + X_i - X_0)}{c} \right] \right\}^2 \tag{3.38}$$

由帕斯瓦尔定理，$\int_{-\infty}^{\infty} |h(t)|^2 \mathrm{d}t = \int_{-\infty}^{\infty} |h(f)|^2 \mathrm{d}f$，可得相关检测后，噪声的平均功率为

$$P_{n(t),\text{out}} = \int_{-\infty}^{\infty} N(f)|H(f)|^2 \mathrm{d}f = \frac{N_0}{2} \int_{-\infty}^{\infty} |H(f)|^2 \mathrm{d}f$$

$$= \frac{N_0}{2} \int_{-\infty}^{\infty} |h(t)|^2 \mathrm{d}t = \frac{NA^2 E N_0}{2} \tag{3.39}$$

由式（3.38）和式（3.39），得到相关检测后最大峰值输出信噪比为

$$\text{SNR}_{\text{out}} = \frac{(P_{u(t),\text{out}})_{\max}}{P_{n(t),\text{out}}} = (P_{u_r(t),\text{out}})_{\max} = \frac{2A_r^2 \left\{ \sum_{i=0}^{N-1} R\left[\frac{2v(iT + X_i - X_0)}{c} \right] \right\}^2}{NEN_0} \tag{3.40}$$

相关处理增益为相关检测输出信噪比 SNR_{out} 与输入信噪比 SNR_{in} 的比值。由式（3.34）和式（3.40），可得相关处理信噪比增益为

$$G = \frac{\text{SNR}_{\text{out}}}{\text{SNR}_{\text{in}}} = \frac{2A_r^2 \left\{ \sum_{i=0}^{N-1} R\left[\frac{2v(iT + X_i - X_0)}{c} \right] \right\}^2}{NEN_0} \frac{TBN_0}{A_r^2 E} = \frac{2TB \left\{ \sum_{i=0}^{N-1} R\left[\frac{2v(iT + X_i - X_0)}{c} \right] \right\}^2}{NE^2} \tag{3.41}$$

由式（3.41）可以看出，相关接收使信噪比提高了 $\dfrac{2TB \left\{ \sum_{i=0}^{N-1} R\left[\frac{2v(iT + X_i - X_0)}{c} \right] \right\}^2}{NE^2}$，

由此可以看出，随机脉位调制超宽带脉冲串的抗噪声干扰性能与信号周期、系统带宽和调制参数有关。当 $N = 10$，$T = 100$ ns，$\Delta T = 0.5$ ns，$h_0 = 3$ m，调制系数为 0.5，$v = 300$ m/s 时，$\sum_{i=0}^{N-1} R\left[\frac{2v(iT + X_i - X_0)}{c} \right] \approx NR(0) = NE$，信噪比增益 $G = 2TBN = 36$ dB，相关检测后信噪比提高了 36 dB。图 3.9 所示为输入信噪比等于 -30 dB、-40 dB 时，随机脉位调制超宽带信号的定距性能仿真结果。

由图 3.9 中的仿真结果可以看出，在输入信噪比等于 -30 dB 时，相关接收法能在预定炸高处输出相关峰，但如果噪声干扰太大，如输入信噪比等于 -40 dB 时，相关检测法的相关峰将被噪声淹没，无法实现定距功能。上述仿真结果与理论分析的进行相关处理后信噪比增加 36 dB 的结论相吻合。

若干扰信号为正弦干扰，则数学表达式为

$$j(t) = a\cos(2\pi f_J t + \varphi) \tag{3.42}$$

式中：a 为干扰信号幅度；f_J 为干扰频率。

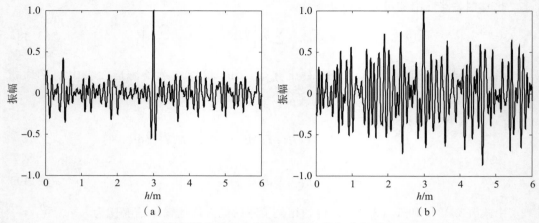

图 3.9　不同输入信噪比条件下的归一化相关器输出波形

（a）输入信噪比 $\mathrm{SNR_{in}} = -30\ \mathrm{dB}$；（b）输入信噪比 $\mathrm{SNR_{in}} = -40\ \mathrm{dB}$

正弦干扰信号的双边功率谱密度为

$$J(f) = \frac{a^2}{4}\delta(f - f_\mathrm{J}) + \frac{a^2}{4}\delta(f + f_\mathrm{J}) \tag{3.43}$$

平均功率为

$$P_{j(t),\mathrm{in}} = \frac{a^2}{2} \tag{3.44}$$

由式（3.33）和式（3.44），可得相关处理前信干比为

$$\mathrm{SIR_{in}} = \frac{P_{u_\mathrm{r}(t),\mathrm{in}}}{P_{j(t),\mathrm{in}}} = \frac{2NA_\mathrm{r}^2 E}{T_\mathrm{r} a^2} \tag{3.45}$$

将含有正弦干扰的目标回波信号与本地参考信号在一个调制周期内进行相关运算，可得相关器的输出信号为

$$u_\mathrm{R}(t) = \int_{T_\mathrm{r}} [u_\mathrm{r}(t) + j(t)] u_1(t)\mathrm{d}t = \int_{T_\mathrm{r}} u_\mathrm{r}(t) u_1(t)\mathrm{d}t + \int_{T_\mathrm{r}} j(t) u_1(t)\mathrm{d}t \tag{3.46}$$

相关器输出的干扰信号平均功率为

$$
\begin{aligned}
P_{j(t),\mathrm{out}} &= \int_{-\infty}^{\infty} J(f)\,|H(f)|^2\mathrm{d}f \\
&= \int_{-\infty}^{\infty} \left[\frac{a^2}{4}\delta(f - f_\mathrm{J}) + \frac{a^2}{4}\delta(f + f_\mathrm{J})\right]|H(f)|^2\mathrm{d}f = \frac{a^2}{2}|H(f_\mathrm{J})|^2
\end{aligned}
\tag{3.47}
$$

由式（3.38）和式（3.47），可得相关检测后信干比为

$$\mathrm{SIR_{out}} = \frac{(P_{u(t),\mathrm{out}})_{\max}}{P_{j(t),\mathrm{out}}} = \frac{2A^2 A_\mathrm{r}^2 \left\{\sum\limits_{i=0}^{N-1} R\left[\dfrac{2v(iT + X_i - X_0)}{c}\right]\right\}^2}{a^2\,|H(f_\mathrm{J})|^2} \tag{3.48}$$

由式（3.45）和式（3.48），可得信干比增益为

$$G = \frac{\mathrm{SIR_{out}}}{\mathrm{SIR_{in}}} = \frac{2A^2 A_{\mathrm{r}}^2 \left\{ \sum\limits_{i=0}^{N-1} R\left[\dfrac{2v(iT + X_i - X_0)}{c}\right] \right\}^2}{a^2 \, |H(f_{\mathrm{J}})|^2} \cdot \frac{T_{\mathrm{r}} a^2}{2NA_{\mathrm{r}}^2 E}$$

$$= \frac{A^2 T_{\mathrm{r}} \left\{ \sum\limits_{i=0}^{N-1} R\left[\dfrac{2v(iT + X_i - X_0)}{c}\right] \right\}^2}{NE \, |H(f_{\mathrm{J}})|^2} \approx \frac{A^2 T \left\{ \sum\limits_{i=0}^{N-1} R\left[\dfrac{2v(iT + X_i - X_0)}{c}\right] \right\}^2}{E \, |H(f_{\mathrm{J}})|^2} \tag{3.49}$$

结合以上推导，对超宽带信号抗正弦干扰性能进行进一步分析。

（1）若不采用随机脉位调制，则 $p_i = (i-1)T$，$i = 1, 2, \cdots, N$。由式（3.28）和式（3.49）可得信干比增益为

$$G = \frac{A^2 T \left[\sum\limits_{i=0}^{N-1} R\left(\dfrac{2viT}{c}\right) \right]^2}{E \, |H(f_{\mathrm{J}})|^2} = \frac{T \left[\sum\limits_{i=0}^{N-1} R\left(\dfrac{2viT}{c}\right) \right]^2}{E \, |W(f_{\mathrm{J}}) \mathrm{e}^{\mathrm{j}2\pi f_{\mathrm{J}}\tau_0} (\mathrm{e}^{\mathrm{j}2\pi f_{\mathrm{J}}p_1} + \cdots + \mathrm{e}^{\mathrm{j}2\pi f_{\mathrm{J}}p_N})|^2} \tag{3.50}$$

当正弦干扰频率等于 $h(t)$ 的功率谱峰值所对应的频率时，$|H(f_{\mathrm{J}})|^2$ 最大，信干比增益最小，因此 $h(t)$ 的功率谱峰值所对应的频率为最佳干扰频率。此时满足条件 $f_{\mathrm{J}} T = k$，k 为整数，$\mathrm{e}^{\mathrm{j}2\pi f_{\mathrm{J}}(i-1)T} = 1$，$|\mathrm{e}^{\mathrm{j}2\pi f_{\mathrm{J}}p_1} + \mathrm{e}^{\mathrm{j}2\pi f_{\mathrm{J}}p_2} + \cdots + \mathrm{e}^{\mathrm{j}2\pi f_{\mathrm{J}}p_N}| = N$，信干比增益与 N 无关。

一旦干扰频率 f_{J} 没有对准 $h(t)$ 的频谱峰值，$|H(f_{\mathrm{J}})|^2$ 就迅速减小，干扰效果急剧下降。由式（3.21）和式（3.50）可求得，当 $N = 10$，$T = 100$ ns，$\Delta T = 0.5$ ns，$h_0 = 3$ m，$v = 300$ m/s 时，干扰频率为 1.128 GHz［$H(f)$ 包络峰值频率］的输出信噪比比干扰频率为最佳干扰频率 1.13 GHz 的输出信噪比高 17 dB。图 3.10（a）和图 3.10（b）所示为输入信噪比等于 −20 dB，干扰频率分别为最佳干扰频率 1.13 GHz 和 1.128 GHz 时超宽带无线电引信的定距性能仿真结果，与理论分析结果一致。

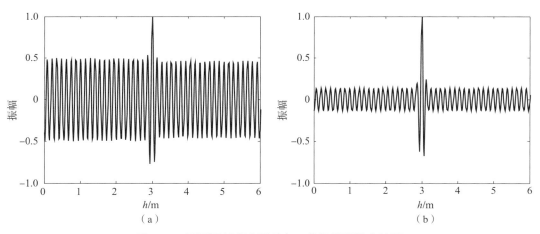

图 3.10　不同干扰频率下的归一化相关器输出波形

（a）干扰频率等于最佳干扰频率（1.13 GHz）；（b）干扰频率偏移最佳干扰频率（1.128 GHz）

（2）超宽带无线电引信采用重复频率捷变技术，使 $e^{j2\pi f y_1}$，$e^{j2\pi f y_2}$，$\cdots$，$e^{j2\pi f y_N}$ 均匀分布在单位圆上，可以减小 $|e^{j2\pi f y_1} + e^{j2\pi f y_2} + \cdots + e^{j2\pi f y_N}|$ 的值，且不同调制周期功率谱峰值所对应的频率，即最佳干扰频率不同，引信干扰机的干扰频率难以跟上最佳干扰频率的变化，因此采用随机脉位调制技术可提高超宽带信号抗正弦干扰能力。图 3.11 所示为调制参数 T_0 分别等于 $0.5T$ 和 $0.8T$，输入信噪比为 -20 dB，干扰频率为随机脉位调制超宽带信号最佳干扰频率时的相关器输出波形。

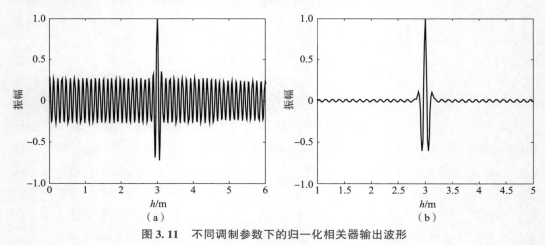

图 3.11　不同调制参数下的归一化相关器输出波形

（a）调制范围 $T_0 = 0.5T$；（b）调制范围 $T_0 = 0.8T$

将图 3.11 与图 3.10（a）对比可以看出，采用随机脉位调制的超宽带信号的抗正弦干扰性能明显优于等间隔超宽带脉冲信号，且调制范围越大，相关输出信噪比越高，抗正弦干扰效果越好。

本章推导了等间隔超宽带脉冲串和随机脉位调制超宽带脉冲串的模糊函数，从理论上研究了超宽带信号的测距精度、频谱、距离截止特性，最后通过对相关接收信干比增益的推导，定量研究了超宽带信号的抗干扰性能，并利用 Matlab 软件进行了计算机仿真。理论分析和仿真结果表明，超宽带无线电引信抗噪声性能与信号周期、系统带宽和调制参数有关；采用随机脉位调制技术可提高引信抗正弦干扰能力。

第4章　超宽带无线电引信发射机

4.1　超宽带引信发射机组成及原理

超宽带引信发射机由脉冲振荡电路、窄脉冲产生电路和延迟电路等组成，原理框图如图4.1所示。

图4.1　超宽带引信发射机原理框图

脉冲振荡电路产生的触发信号分成两路：一路触发窄脉冲产生电路产生纳秒级的窄脉冲，经超宽带天线发射出去；另一路经过某一预定延迟后，触发取样脉冲产生电路产生取样脉冲。

超宽带引信发射机的参数主要有触发信号幅度、宽度、重复频率、窄脉冲信号幅度、宽度、重复频率和两路触发信号延迟时间等，其中最关键的参数是窄脉冲信号幅度和宽度，直接关系超宽带引信探测灵敏度和测距精度。因此，窄脉冲产生电路是超宽带引信发射机的核心，产生具有超宽带特性的窄脉冲信号是超宽带引信发射机设计的难点。

4.2　超宽带信号产生原理

产生具有超宽带特性的窄脉冲信号一般是使用一个极快速的开关通过对储能元件的放电来实现的，如图4.2所示。高速开关受触发信号控制，每当触发信号的上升沿到达时，高速开关迅速打开，对储能元件进行放电，形成窄脉冲信号的上升沿，然后迅速关断，形成窄脉冲信号的下降沿。

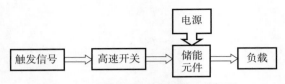

图 4.2　超宽带脉冲发生器功能框图

对超宽带脉冲产生技术的研究已经历了几十年，从 20 世纪六七十年代即已开始。有许多专利文献和文章都专门阐述如何产生满足各种要求的窄脉冲。各种方案的区别主要是对图 4.2 中高速开关的选择不同。下面分别介绍基于阶跃恢复二极管和雪崩三极管的超宽带窄脉冲信号产生方法。

4.3　基于阶跃恢复二极管的超宽带信号产生

阶跃恢复二极管（SRD）是一种特殊 PN 结的二极管，当加载在 SRD 管两端的正电压变成负电压时，SRD 管的反向电流并不马上突变为反向饱和电流，而是反向导通一段时间 t 后，再以指数率变化为反向饱和电流，持续时间为 t，这便是 SRD 管的快速反向恢复特性，因此在过去的几十年里，它被主要应用于倍频器以及微波取样电路中。在脉冲边沿整形电路的基础上，通过输出加载到负载电阻，便可以产生合适的极窄脉冲，因此自超宽带技术被提出以来，就受到了研究人员的关注。

4.3.1　基于阶跃恢复二极管窄脉冲产生原理

基于阶跃恢复二极管窄脉冲产生电路如图 4.3 所示，V_d 为直流偏置电源，V_p 为激励脉冲源，L 为储能电感。

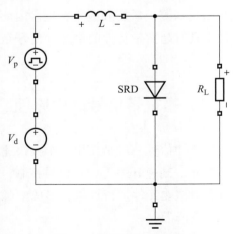

图 4.3　窄脉冲产生电路

如图 4.3 所示，假定负载电阻 R_L 为无穷大，则在电流 i 正向流过时，阶跃恢复二极管正偏，相当于短路，二极管压降近似为零（实际上等于二极管结电压）；当电流 i 反向流通时，阶跃恢复二极管上的存储电荷开始放电，这时二极管压降仍等于零（实际是二极管的导通电压）。但是当存储电荷快要放电完毕时，电流要突然减小，而电感作为一个惯性元件，将阻止电流变小，从而产生一个反向感应电压，这时二极管上有一个反向高压脉冲出现，电流减小得越快，这一感应电压脉冲幅度越大。此后，二极管重复上述周期过程。

阶跃恢复二极管参数见表 4.1。

表 4.1 阶跃恢复二极管参数

参数名称	参数符号
反向饱和电流/fA	I_s
发射系数	N
零偏结电容/pF	C_{j0}
结压降/V	V_j
少数载流子寿命/ns	τ
渡越时间/ps	t_t
掺杂分布系数	M
反向击穿电压电流/μA	I_{bv}
串联电阻/Ω	R_s

阶跃恢复二极管模型如图 4.4 所示，由 PN 结二极管、可变电容 $C_j(V)$、封装耦合电容 C_p、引线电感 L_p、串联电阻 R_s 组成。

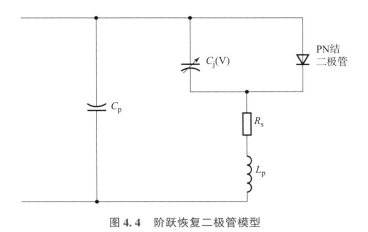

图 4.4 阶跃恢复二极管模型

根据半导体器件理论和阶跃恢复二极管不同工作状态，研究阶跃恢复二极管参数对二极管模型影响。阶跃恢复二极管正偏模型如图 4.5 所示，C_d 为二极管扩散电容，r_d 为二极管扩散电阻。

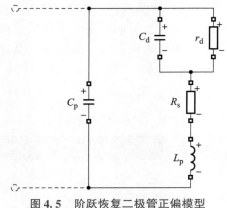

图 4.5　阶跃恢复二极管正偏模型

二极管扩散电容表示为

$$C_d = \frac{I_{p0}\tau_{p0} + I_{n0}\tau_{n0}}{2V_t} \tag{4.1}$$

式中：I_{p0} 和 I_{n0} 为二极管空穴电流和电子电流；τ_{p0} 为少数空穴载流子寿命；τ_{n0} 为少数电子载流子寿命，统称少数载流子寿命。

根据式（4.1）可知，阶跃恢复二极管少数载流子寿命决定二极管正偏扩散电容值。并且少数载流子寿命同时影响二极管关断时间，二极管关断时间为存储时间与衰减时间之和，存储时间近似值为

$$t_s = \tau_{p0}\ln\left(1 + \frac{I_F}{I_R}\right) \tag{4.2}$$

式中：τ_{p0} 为少数空穴载流子寿命；I_F 为正偏电流；I_R 为反偏电流。

衰减时间 t_a 通过下式确定：

$$\mathrm{erf}\sqrt{\frac{t_a}{\tau_{p0}}} + \frac{\exp\left(-\frac{t_a}{\tau_{p0}}\right)}{\sqrt{\frac{\pi t_a}{\tau_{p0}}}} = 1 + 0.1\frac{I_R}{I_F} \tag{4.3}$$

式中：$\mathrm{erf}(\cdot)$ 为误差函数。

二极管反向饱和电流决定二极管正偏电流电压特性，二极管正偏电流电压关系表示为

$$I_F = I_s\left[\exp\left(\frac{e_0 V_a}{nkT}\right) - 1\right] \tag{4.4}$$

式中：I_s 为二极管反向饱和电流；V_a 为外加正偏电压；n 为理想因子，正偏电压较大时，扩散电流占主导，$n \approx 1$；正偏电压较小时，复合电流占主导，$n \approx 2$；过渡区域 $1 < n < 2$。

阶跃恢复二极管反偏模型如图 4.6 所示，C_b 为阶跃恢复二极管反偏势垒电容。

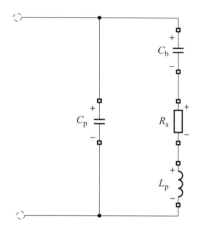

图 4.6　阶跃恢复二极管反偏模型

二极管反偏势垒电容用零偏结电容 C_{j0} 表示为

$$C_b = \begin{cases} aC_{j0}(1-F_c)^{-M}\left[1+\dfrac{M(V_R-F_c V_{bi})}{V_{bi}(1-F_c)}\right], & V_R > F_c V_{bi} \\ aC_{j0}\left(1-\dfrac{V_R}{V_{bi}}\right)^{-M}, & V_R \leqslant F_c V_{bi} \end{cases} \tag{4.5}$$

式中：F_c 为势垒电容正偏系数；M 为与阶跃恢复二极管 PN 结两侧杂质分布情况有关的系数。

二极管反偏电流是反向饱和电流与反偏产生电流 I_{gen} 之和，即

$$I_R = I_s + I_{gen} = I_s + \frac{e_0 n_i WA}{2\tau_0} \tag{4.6}$$

式中：τ_0 为少数载流子寿命；n_i 为本征载流子浓度；W 为空间电荷区宽度。

通过以上分析可以看出影响阶跃恢复二极管正偏导纳、反偏势垒电容及二极管电流的参数主要有少数载流子寿命、反向饱和电流、零偏结电容和掺杂分布系数。

4.3.2　基于阶跃恢复二极管窄脉冲产生电路数学模型

1. 基于二极管正偏导纳的窄脉冲产生电路数学模型

图 4.7 所示电路脉冲源 V_p 脉冲间隔期间偏置电压 V_d 使阶跃恢复二极管正向导通，二极管正偏窄脉冲产生等效电路如图 4.7 所示。

阶跃恢复二极管一般为贴片形式封装，封装参数很小，不同型号阶跃恢复二极管封装参数差异不大，忽略封装耦合电容 C_p、引线电感 L_p、串联电阻 R_s 进行电路计算，等效电路简化模型如图 4.8 所示。

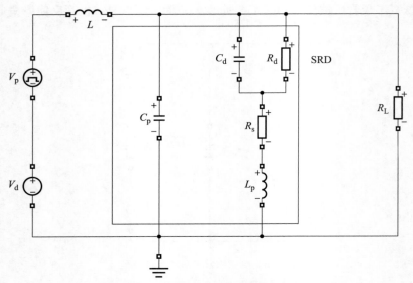

图 4.7　二极管正偏窄脉冲产生等效电路

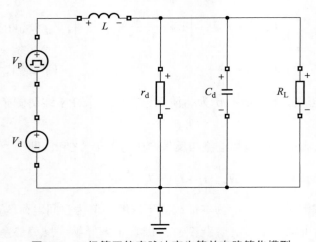

图 4.8　二极管正偏窄脉冲产生等效电路简化模型

阶跃恢复二极管正偏等效为电容 C_d 与电阻 r_d 并联，即二极管导纳，C_d 为二极管扩散电容，r_d 为二极管扩散电阻。图 4.8 中扩散电阻 r_d 与负载电阻 R_L 的并联电阻等效为

$$R_p = \frac{r_d}{R_L} = \frac{r_d R_L}{r_d + R_L} \tag{4.7}$$

根据式（4.7）将图 4.8 所示电路化简为图 4.9。

根据基尔霍夫定律，图 4.9 所示电路回路电压方程表示为

$$L \frac{\mathrm{d}i_L}{\mathrm{d}t} + V_{C_d} = V_p + V_d \tag{4.8}$$

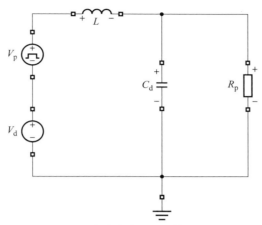

图 4.9　窄脉冲产生简化等效电路

图 4.9 所示电路节点电流方程表示为

$$C_d \frac{dV_{C_d}}{dt} + \frac{V_{C_d}}{R_p} = i_L \tag{4.9}$$

通过式（4.8）解得

$$V_{C_d} = V_p + V_d - L \frac{di_L}{dt} \tag{4.10}$$

将式（4.10）代入式（4.9）得

$$C_d \frac{d\left(V_p + V_d - L \frac{di_L}{dt}\right)}{dt} + \frac{V_p + V_d - L \frac{di_L}{dt}}{R_p} = i_L \tag{4.11}$$

整理式（4.11）得

$$-C_d L \frac{d^2 i_L}{dt^2} + \frac{V_p + V_d}{R_p} - \frac{L di_L}{R_p dt} = i_L \tag{4.12}$$

脉冲源间隔期间 $V_p = 0$，代入式（4.12）化简得

$$-R_p C_d L \frac{d^2 i_L}{dt^2} + V_d - L \frac{di_L}{dt} = R_p i_L \tag{4.13}$$

将式（4.13）改写为二阶线性常系数非齐次微分方程标准形式为

$$R_p C_d L \frac{d^2 i_L}{dt^2} + L \frac{di_L}{dt} + R_p i_L = V_d \tag{4.14}$$

式（4.14）对应的齐次微分方程为

$$R_p C_d L \frac{d^2 i_L}{dt^2} + L \frac{di_L}{dt} + R_p i_L = 0 \tag{4.15}$$

式（4.15）的特征方程为

$$R_p C_d L r^2 + L r + R_p = 0 \tag{4.16}$$

特征方程 (4.16) 的根为

$$r_{1,2} = \frac{-L \pm \sqrt{L^2 - 4R_p^2 C_d L}}{2R_p C_d L} \tag{4.17}$$

齐次方程 (4.15) 的通解为

$$i_L(t) = \exp\left(-\frac{t}{2R_p C_d}\right)\left(A_1 \cos\frac{\sqrt{4R_p^2 C_d L - L^2}}{2R_p C_d L}t + A_2 \sin\frac{\sqrt{4R_p^2 C_d L - L^2}}{2R_p C_d L}t\right) \tag{4.18}$$

设非齐次方程 (4.14) 的特解为 $i_L(t) = b$, 代入方程得 $R_p b = V_d$, 解得非齐次方程 (4.14) 的特解为

$$i_L(t) = \frac{V_d}{R_p} \tag{4.19}$$

将电路初始条件 $V_{C_d}(0^+) = 0$ 代入式 (4.8) 得

$$\left.\frac{di_L}{dt}\right|_{t=0} = \frac{V_d}{L} \tag{4.20}$$

式 (4.18) 求导得

$$\frac{di_L}{dt} = -\frac{1}{2R_p C_d}\exp\left(-\frac{t}{2R_p C_d}\right)\left(A_1 \cos\frac{\sqrt{4R_p^2 C_d L - L^2}}{2R_p C_d L}t + A_2 \sin\frac{\sqrt{4R_p^2 C_d L - L^2}}{2R_p C_d L}t\right) +$$

$$\frac{\sqrt{4R_p^2 C_d L - L^2}}{2R_p C_d L}\exp\left(-\frac{t}{2R_p C_d}\right)\left(A_1 \sin\frac{\sqrt{4R_p^2 C_d L - L^2}}{2R_p C_d L}t + A_2 \cos\frac{\sqrt{4R_p^2 C_d L - L^2}}{2R_p C_d L}t\right)$$

$$= \frac{\exp\left(-\frac{t}{2R_p C_d}\right)}{2R_p C_d}\left[\left(A_1 \sqrt{\frac{4R_p^2 C_d}{L} - 1} - A_2\right)\sin\frac{\sqrt{4R_p^2 C_d L - L^2}}{2R_p C_d L}t + \right.$$

$$\left.\left(A_2 \sqrt{\frac{4R_p^2 C_d}{L} - 1} - A_1\right)\cos\frac{\sqrt{4R_p^2 C_d L - L^2}}{2R_p C_d L}t\right] \tag{4.21}$$

将式 (4.20) 代入式 (4.21) 得

$$\frac{1}{2R_p C_d}\left(A_2 \sqrt{\frac{4R_p^2 C_d}{L} - 1} - A_1\right) = \frac{V_d}{L} \tag{4.22}$$

非齐次方程 (4.14) 的通解为

$$i_L(t) = \exp\left(-\frac{t}{2R_p C_d}\right)\left(A_1 \cos\frac{\sqrt{4R_p^2 C_d L - L^2}}{2R_p C_d L}t + A_2 \sin\frac{\sqrt{4R_p^2 C_d L - L^2}}{2R_p C_d L}t\right) + \frac{V_d}{R_p} \tag{4.23}$$

将电路初始条件 $i_L(0^+) = I_0$ 代入式 (4.23) 得

$$A_1 + \frac{V_d}{R_p} = I_0 \tag{4.24}$$

解方程 (4.24) 得

$$A_1 = I_0 - \frac{V_d}{R_p} \tag{4.25}$$

将式（4.25）代入式（4.22）得

$$\frac{1}{2R_pC_d}\left(A_2\sqrt{\frac{4R_p^2C_d}{L}-1}-I_0+\frac{V_d}{R_p}\right)=\frac{V_d}{L} \tag{4.26}$$

解方程（4.26）得

$$A_2=\frac{\dfrac{2R_pC_dV_d}{L}-\dfrac{V_d}{R_p}+I_0}{\sqrt{\dfrac{4R_p^2C_d}{L}-1}} \tag{4.27}$$

将式（4.25）和式（4.27）代入式（4.18）得

$$i_L(t)=\exp\left(-\frac{t}{2R_pC_d}\right)\left[\left(I_0-\frac{V_d}{R_p}\right)\cos\frac{\sqrt{4R_p^2C_dL-L^2}}{2R_pC_dL}t+\right.$$

$$\left.\frac{\dfrac{2R_pC_dV_d}{L}-\dfrac{V_d}{R_p}+I_0}{\sqrt{\dfrac{4R_p^2C_d}{L}-1}}\sin\frac{\sqrt{4R_p^2C_dL-L^2}}{2R_pC_dL}t\right]+\frac{V_d}{R_p} \tag{4.28}$$

式（4.28）为微分方程（4.14）的解，即电感电流表达式，其中并联等效电阻 R_p 为

$$R_p=\frac{r_dR_L}{r_d+R_L}$$

2. 基于二极管反偏势垒电容的窄脉冲产生电路数学模型

脉冲源 V_p 产生脉冲，阶跃恢复二极管存储电荷开始放电，二极管存储电荷放电完毕，电感电流从最大值迅速减小，电感两端产生反向感应电压脉冲。忽略外加电压影响，二极管反偏窄脉冲产生等效电路如图 4.10 所示。

忽略封装耦合电容 C_p、引线电感 L_p、串联电阻 R_s 进行电路计算，产生的等效电路简化模型如图 4.11 所示。

图 4.11 中 C_b 为阶跃恢复二极管反偏势垒电容，电路电流方程和电压方程表示为

$$\begin{cases}C_b\dfrac{\mathrm{d}V_{R_L}}{\mathrm{d}t}+\dfrac{V_{R_L}}{R_L}+i_L=0\\[2mm]L\dfrac{\mathrm{d}i_L}{\mathrm{d}t}=V_{R_L}\end{cases} \tag{4.29}$$

将方程组（4.29）第二式代入第一式得

$$C_b\frac{\mathrm{d}\left(L\dfrac{\mathrm{d}i_L}{\mathrm{d}t}\right)}{\mathrm{d}t}+\frac{L\dfrac{\mathrm{d}i_L}{\mathrm{d}t}}{R_L}+i_L=0 \tag{4.30}$$

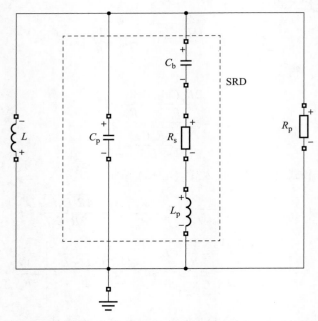

图 4.10　二极管反偏窄脉冲产生等效电路

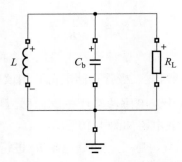

图 4.11　二极管反偏窄脉冲产生等效电路简化模型

整理式（4.30）得

$$C_b \frac{d^2 i_L}{dt^2} + \frac{1}{R_L} \frac{di_L}{dt} + \frac{i_L}{L} = 0 \qquad (4.31)$$

式（4.31）为二阶常系数齐次线性微分方程，对应的特征方程为

$$C_b r^2 + \frac{1}{R_L} r + \frac{1}{L} = 0 \qquad (4.32)$$

特征方程（4.32）的根为

$$r_{3,4} = \frac{-\dfrac{1}{R_L} \pm \sqrt{\dfrac{1}{R_L^2} - \dfrac{4C_b}{L}}}{2C_b}$$

$$= -\frac{1}{2C_b R_L} \pm \sqrt{\frac{1}{(2C_b R_L)^2} - \frac{1}{LC_b}} \tag{4.33}$$

齐次方程（4.31）的通解为

$$i_L(t) = \exp\left(-\frac{t}{2C_b R_L}\right)\left[A_3 \cos\sqrt{\frac{1}{LC_b} - \frac{1}{(2C_b R_L)^2}}t + A_4 \sin\sqrt{\frac{1}{LC_b} - \frac{1}{(2C_b R_L)^2}}t\right] \tag{4.34}$$

将电路初始条件 $V_{R_L}(0^+) = 0$ 代入式（4.29）第二式得

$$\left.\frac{\mathrm{d}i_L}{\mathrm{d}t}\right|_{t=0} = 0 \tag{4.35}$$

对式（4.34）求导得

$$\frac{\mathrm{d}i_L}{\mathrm{d}t} = -\frac{\exp\left(-\dfrac{t}{2C_b R_L}\right)}{2C_b R_L}\left[A_3 \cos\sqrt{\frac{1}{LC_b} - \frac{1}{(2C_b R_L)^2}}t + A_4 \sin\sqrt{\frac{1}{LC_b} - \frac{1}{(2C_b R_L)^2}}t\right] + \exp\left(-\frac{t}{2C_b R_L}\right) \cdot$$

$$\sqrt{\frac{1}{LC_b} - \frac{1}{(2C_b R_L)^2}}\left[A_3 \sin\sqrt{\frac{1}{LC_b} - \frac{1}{(2C_b R_L)^2}}t + A_4 \cos\sqrt{\frac{1}{LC_b} - \frac{1}{(2C_b R_L)^2}}t\right]$$

$$= \exp\left(-\frac{t}{2C_b R_L}\right)\left\{\left[A_3\sqrt{\frac{1}{LC_b} - \frac{1}{(2C_b R_L)^2}} - \frac{A_4}{2C_b R_L}\right]\sin\sqrt{\frac{1}{LC_b} - \frac{1}{(2C_b R_L)^2}}t + \right.$$

$$\left.\left[A_4\sqrt{\frac{1}{LC_b} - \frac{1}{(2C_b R_L)^2}} - \frac{A_3}{2C_b R_L}\right]\cos\sqrt{\frac{1}{LC_b} - \frac{1}{(2C_b R_L)^2}}t\right\} \tag{4.36}$$

将式（4.35）代入式（4.36）得

$$A_4\sqrt{\frac{4C_b R_L^2}{L} - 1} - A_3 = 0 \tag{4.37}$$

将电路初始条件 $i_L(0^+) = I_1$ 代入式（4.34）得

$$A_3 = I_1 \tag{4.38}$$

将式（4.38）代入式（4.37）得

$$A_4 = \frac{I_1}{\sqrt{\dfrac{4C_b R_L^2}{L} - 1}} \tag{4.39}$$

将式（4.38）和式（4.39）代入式（4.34）得

$$i_L(t) = I_1 \exp\left(-\frac{t}{2C_b R_L}\right)\left[\cos\sqrt{\frac{1}{LC_b} - \frac{1}{(2C_b R_L)^2}}t + \frac{1}{\sqrt{\dfrac{4C_b R_L^2}{L} - 1}}\sin\sqrt{\frac{1}{LC_b} - \frac{1}{(2C_b R_L)^2}}t\right] \tag{4.40}$$

式（4.40）为微分方程（4.31）的解，即电感电流表达式，将式（4.38）和式（4.39）代入式（4.36）得

$$\frac{\mathrm{d}i_L}{\mathrm{d}t} = \exp\left(-\frac{t}{2C_bR_L}\right)\left\{\left[I_1\sqrt{\frac{1}{LC_b}-\frac{1}{(2C_bR_L)^2}}-\frac{I_1}{2C_bR_L\sqrt{\frac{4C_bR_L^2}{L}-1}}\right]\sin\sqrt{\frac{1}{LC_b}-\frac{1}{(2C_bR_L)^2}}t+\right.$$

$$\left.\left[\frac{I_1}{\sqrt{\frac{4C_bR_L^2}{L}-1}}\sqrt{\frac{1}{LC_b}-\frac{1}{(2C_bR_L)^2}}-\frac{I_1}{2C_bR_L}\right]\cos\sqrt{\frac{1}{LC_b}-\frac{1}{(2C_bR_L)^2}}t\right\} \tag{4.41}$$

$$= I_1\exp\left(-\frac{t}{2C_bR_L}\right)\left\{\left[\sqrt{\frac{1}{LC_b}-\frac{1}{(2C_bR_L)^2}}-\frac{1}{2C_bR_L\sqrt{\frac{4C_bR_L^2}{L}-1}}\right]\sin\sqrt{\frac{1}{LC_b}-\frac{1}{(2C_bR_L)^2}}t+\right.$$

$$\left.\left[\frac{1}{\sqrt{\frac{4C_bR_L^2}{L}-1}}\sqrt{\frac{1}{LC_b}-\frac{1}{(2C_bR_L)^2}}-\frac{1}{2C_bR_L}\right]\cos\sqrt{\frac{1}{LC_b}-\frac{1}{(2C_bR_L)^2}}t\right\}$$

将式（4.41）代入方程组（4.29）第二式整理得负载两端电压为

$$V_{R_L}(t) = -\frac{I_1\exp\left(-\frac{t}{2C_bR_L}\right)}{\sqrt{\frac{C_b}{L}-\frac{1}{(2R_L)^2}}}\sin\sqrt{\frac{1}{LC_b}-\frac{1}{(2C_bR_L)^2}}t \tag{4.42}$$

4.3.3　基于阶跃恢复二极管窄脉冲参数求解

1. 基于阶跃恢复二极管窄脉冲宽度求解

图 4.3 所示电路窄脉冲产生期间根据负载两端电压表达式（4.42）得脉冲宽度为

$$t_p = \frac{\frac{5\pi}{6}-\frac{\pi}{6}}{\sqrt{\frac{1}{LC_b}-\frac{1}{(2C_bR_L)^2}}} = \frac{2\pi}{3\sqrt{\frac{1}{LC_b}-\frac{1}{(2C_bR_L)^2}}} \tag{4.43}$$

根据单边突变结 N 型掺杂分布，阶跃恢复二极管势垒电容表示为

$$C_b = A\left[\frac{e_0B\varepsilon_s^{m+1}}{(m+2)(V_{bi}+V_R)}\right]^{\frac{1}{m+2}} \tag{4.44}$$

式中：A 为二极管 PN 结截面积；e_0 为电子电量；B 为磁通量密度；ε_s 为半导体介电常数；m 为单边突变结掺杂分布系数，对应于在重掺杂的 N^+ 型衬底上外延生长轻掺杂 N 型区的杂质分布；V_{bi} 为 PN 结内建电势；V_R 为二极管外加反偏电压。

将式（4.44）代入式（4.43）得负载两端产生脉冲宽度为

$$t_p = \frac{2\pi}{3\sqrt{\frac{1}{LA\left[\frac{e_0B\varepsilon_s^{m+1}}{(m+2)(V_{bi}+V_R)}\right]^{\frac{1}{m+2}}}-\frac{1}{\left\{2A\left[\frac{e_0B\varepsilon_s^{m+1}}{(m+2)(V_{bi}+V_R)}\right]^{\frac{1}{m+2}}R_L\right\}^2}}}$$

$$= \cfrac{2\pi}{3\sqrt{\cfrac{\left[\cfrac{e_0 B \varepsilon_s^{m+1}}{(m+2)(V_{bi}+V_R)}\right]^{-\frac{1}{m+2}}}{LA} - \cfrac{(AR_L)^{-2}}{4}\left[\cfrac{e_0 B \varepsilon_s^{m+1}}{(m+2)(V_{bi}+V_R)}\right]^{-\frac{2}{m+2}}}} \qquad (4.45)$$

2. 基于阶跃恢复二极管窄脉冲幅度求解

图 4.3 所示电路窄脉冲产生期间根据负载两端电压表达式（4.42）得脉冲幅度为

$$V_p = V_{R_L}\left(\cfrac{\pi}{2\sqrt{\cfrac{1}{LC_b}-\cfrac{1}{(2C_bR_L)^2}}}\right) = -\cfrac{I_1\exp\left(-\cfrac{\pi}{2\sqrt{\cfrac{4C_bR_L^2}{L}-1}}\right)}{\sqrt{\cfrac{C_b}{L}-\cfrac{1}{(2R_L)^2}}} \qquad (4.46)$$

式（4.46）中 I_1 为二极管反偏时电感初始电流，由二极管正偏时电感电流确定，根据式（4.28）中 I_1 为阶跃恢复二极管扩散电容与扩散电阻的函数，式（4.46）改写为

$$V_p = -\cfrac{I_1(C_d,r_d)\exp\left(-\cfrac{\pi}{2\sqrt{\cfrac{4C_bR_L^2}{L}-1}}\right)}{\sqrt{\cfrac{C_b}{L}-\cfrac{1}{(2R_L)^2}}} \qquad (4.47)$$

式（4.47）中二极管扩散电阻表示为

$$r_d = \cfrac{V_t}{I_{DQ}} \qquad (4.48)$$

式中：$V_t = \cfrac{kT}{e_0}$ 为热电压，k 为玻耳兹曼常数，T 为温度；I_{DQ} 为二极管直流静态电流。

式（4.47）中二极管扩散电容表示为

$$C_d = \cfrac{I_{p0}\tau_{p0}+I_{n0}\tau_{n0}}{2V_t} \qquad (4.49)$$

式中：I_{p0} 和 I_{n0} 分别为二极管空穴电流和电子电流；τ_{p0} 为少数空穴载流子寿命；τ_{n0} 为少数电子载流子寿命，统称少数载流子寿命。

将式（4.44）代入式（4.47）得负载两端产生脉冲电压幅度为

$$V_p = -\cfrac{I_1(C_b,C_d,r_d)\exp\left(-\cfrac{\pi}{2}\left\{\cfrac{4AR_L^2}{L}\left[\cfrac{e_0 B \varepsilon_s^{m+1}}{(m+2)(V_{bi}+V_R)}\right]^{\frac{1}{m+2}}-1\right\}^{-\frac{1}{2}}\right)}{\sqrt{\cfrac{A}{L}\left[\cfrac{e_0 B \varepsilon_s^{m+1}}{(m+2)(V_{bi}+V_R)}\right]^{\frac{1}{m+2}}-\cfrac{1}{(2R_L)^2}}} \qquad (4.50)$$

4.3.4 阶跃恢复二极管参数对窄脉冲波形影响

根据式（4.1），阶跃恢复二极管少数载流子寿命影响二极管正偏扩散电容，即对二极管正偏导纳产生影响；根据式（4.5），阶跃恢复二极管反偏势垒电容受二极管零偏结电容和掺杂分布系数影响；根据式（4.4）和式（4.6），阶跃恢复二极管反向饱和电流影响二极管正偏和反偏电流；根据式（4.43）和式（4.47），阶跃恢复二极管正偏导纳、反偏势垒电容和二极管电流影响窄脉冲幅度与宽度，因此需要研究阶跃恢复二极管少数载流子寿命、反向饱和电流、零偏结电容和掺杂分布系数对窄脉冲幅度与宽度影响。

阶跃恢复二极管少数载流子寿命分别为 15 ns、50 ns、70 ns 和 100 ns，对图 4.12（a）所示电路进行仿真，产生窄脉冲信号如图 4.12（b）所示。

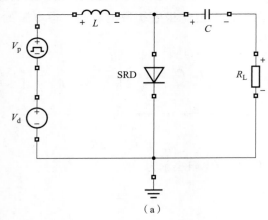

（a）

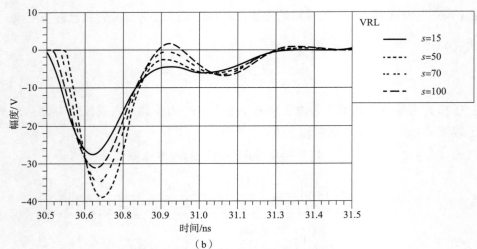

（b）

图 4.12 窄脉冲产生电路模型及少数载流子寿命对产生窄脉冲影响

（a）窄脉冲产生电路模型；（b）少数载流子寿命对产生窄脉冲影响

根据图 4.12 可以看出少数载流子寿命增加，窄脉冲幅度增大，脉冲宽度减小。阶跃恢复二极管少数载流子寿命与产生的窄脉冲幅度和脉冲宽度关系见表 4.2。

表 4.2　阶跃恢复二极管少数载流子寿命与产生的窄脉冲幅度和脉冲宽度关系

少数载流子寿命/ns	15	50	70	100
脉冲幅度/V	−27.6	−31.3	−35.1	−39
脉冲宽度/ps	204	185	171	162

根据窄脉冲幅度式（4.46）可知电感电流变化影响脉冲幅度，电感电流为负载电流与阶跃恢复二极管电流之和，即二极管电流对窄脉冲波形产生影响。由式（4.4）和式（4.6）可知二极管反向饱和电流 I_s 决定二极管电流值，二极管反向饱和电流 I_s 分别为 0.1 pA、0.4 pA、0.7 pA 和 1 pA，对图 4.12（a）所示电路进行仿真，产生窄脉冲信号如图 4.13 所示。

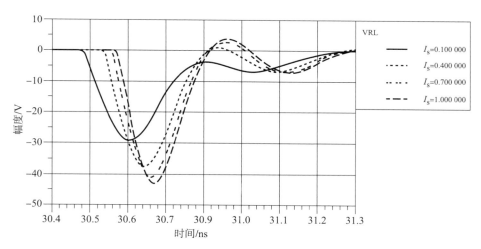

图 4.13　二极管反向饱和电流对产生脉冲影响

根据图 4.13 可知，反向饱和电流 I_s 增大，产生的窄脉冲幅度增大。阶跃恢复二极管反向饱和电流与产生的窄脉冲幅度和脉冲宽度关系见表 4.3。

表 4.3　阶跃恢复二极管反向饱和电流与产生的窄脉冲幅度和脉冲宽度关系

反向饱和电流/pA	0.1	0.4	0.7	1
脉冲幅度/V	−29.1	−37.7	−41	−43
脉冲宽度/ps	189	165	158	155

零偏结电容 C_{j0} 分别为 0.3 pF、1.3 pF、2.3 pF 和 3.3 pF，对图 4.12（a）所示电

路进行仿真，产生窄脉冲信号如图4.14所示。

根据图4.14可以看出，零偏结电容增大，产生的窄脉冲幅度减小，脉冲宽度增大。阶跃恢复二极管零偏结电容与产生的窄脉冲幅度和脉冲宽度关系见表4.4。

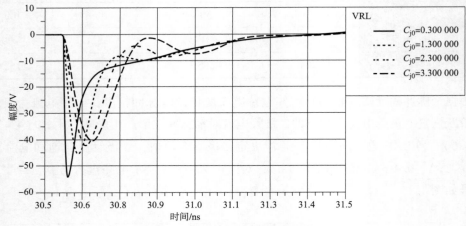

图4.14 零偏结电容对产生脉冲影响

表4.4 阶跃恢复二极管零偏结电容与产生的窄脉冲幅度和脉冲宽度关系

零偏结电容/pF	0.3	1.3	2.3	3.3
脉冲幅度/V	−54.2	−45.6	−42.3	−40.5
脉冲宽度/ps	54	91	117	140

二极管 PN 结掺杂分布系数 M 分别为 0.1，0.2，0.3 和 0.4，对图4.12（a）所示电路进行仿真，产生窄脉冲信号如图4.15所示。

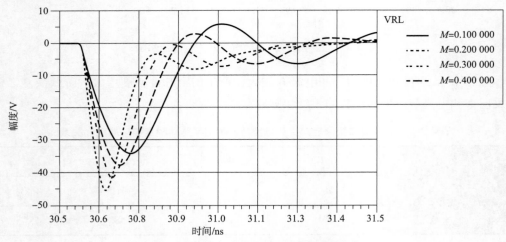

图4.15 掺杂分布系数对产生脉冲影响

根据图 4.15 可以看出，M 值增大脉冲幅度增大，脉冲宽度减小。阶跃恢复二极管掺杂分布系数与产生的窄脉冲幅度和脉冲宽度关系见表 4.5。

表 4.5　阶跃恢复二极管掺杂分布系数与产生的窄脉冲幅度和脉冲宽度关系

掺杂分布系数	0.1	0.2	0.3	0.4
脉冲幅度/V	−34.1	−37.7	−41.5	−45.5
脉冲宽度/ps	221	176	140	112

4.4　基于雪崩三极管的超宽带信号产生

4.4.1　雪崩电路原理分析

如果在晶体管的收集结空间电荷区加上比正常运用大许多倍的电场强度，集电结的载流子被强电场所加速，从而获得很大的能量。这些被加速的载流子与晶格发生碰撞便产生了新的电子－空穴对，这些新的电子－空穴对又分别为强电场所加速，重复上述过程。于是，流过集电结的电流便像"雪崩"一样迅速增长，这被称为晶体管的雪崩效应，具有明显的雪崩效应的晶体管称为雪崩晶体管。晶体管在雪崩区的运用具有如下主要特点：

（1）电流增益增大到正常运用时的 M 倍，其中 M 为雪崩倍增因子。

（2）由于雪崩运用时的基区宽度远小于一般工作时的基区宽度，因此载流子渡越基区的时间迅速减小，于是晶体管的有效截止频率大为提高。

（3）在雪崩区内，与某一给定电压值对应的电流不是单值的，并且随电压增加可以出现电流减小的现象。也就是说，雪崩运用时晶体管集电极－发射极之间呈负阻特性。

（4）改变雪崩电容与负载电阻，所对应的输出幅度是不同的。换言之，输出脉冲与雪崩电容和负载电阻有关。

设雪崩效应后的晶体管的共基极电流增益为 α^*，则有

$$\alpha^* = M\alpha \tag{4.51}$$

式中：M 为雪崩倍增因子；α 为雪崩前晶体管的共基极电流增益。倍增因子 M 通常可用下式求得：

$$M = \frac{l}{1 - \left(\dfrac{U_{\mathrm{C}}}{\mathrm{BU}_{\mathrm{cbo}}}\right)^n} \tag{4.52}$$

式中：U_{C} 为外加电压；$\mathrm{BU}_{\mathrm{cbo}}$ 为发射极开路时集电极－基极反向击穿电压；n 为与晶体

管材料有关的密勒指数，通常硅材料为 3～4。

晶体管正常运用时的共发射极电流增益为 $\beta = \alpha/(1-\alpha)$。在集电结空间电荷区的雪崩倍增情况下，共发射极电流增益用 β^* 来表示：

$$\beta^* = \frac{\alpha^*}{1-\alpha^*} = \frac{M\alpha}{1-M\alpha} \tag{4.53}$$

如图 4.16 所示，当 $U_{ce} < U_s$（U_s 为维持电压）时，由于 $U_{ce} < BU_{cbo}$，$M \approx 1$，没有雪崩现象。当 $U_{ce} = U_s$ 时，$I_B = 0$，晶体管基极开路，此时没有基极电流注入，流经基区的载流子数目与通过收集结的载流子数目相等，载流子没有复合，即 $\alpha^* = 1$，因而 $\alpha < 1$，$M > 1$，这对应于刚刚出现雪崩效应的情况。当 U_{ce} 电压继续增加，并且基极接有电阻或加有反向偏压时，其将雪崩击穿并表现出负阻特性。U_s、BU_{cbo} 所限定的电压范围称为雪崩工作区。雪崩晶体管基本工作电路图如图 4.17 所示。

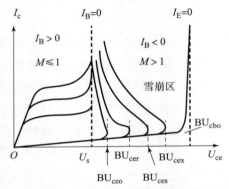

图 4.16　NPN 型雪崩晶体管共发射极输出特性

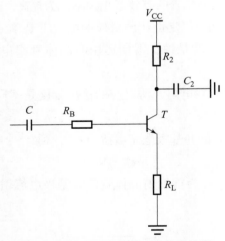

图 4.17　雪崩晶体管基本工作电路图

在无脉冲输入时晶体管 T 截止，但在偏置电压 V_{CC} 的作用下处于雪崩临界状态，此

时 V_{CC} 通过 R_2 给电容 C_2 充电。

在输入脉冲到来时，输入信号经过电容 C 及 R_B 作用于触发晶体管 T 的雪崩状态，T 迅速进入雪崩区并处于低阻状态，电容 C_2 上存储的电荷此时则通过 T 及 R_L 放电，其放电时间常数近似为 $R_L \times C_2$，当放电完毕时晶体管 T 的雪崩状态也停止，此时 T 再次进入截止状态，偏置电压 V_{CC} 再次给电容 C_2 充电，为下次的触发做准备，充电时间常数近似为 $R_2 \times C_2$。可以测到在输出端产生了一个幅值较高的正窄脉冲。

在电路中 C_2 的电容值与生成脉冲的幅度有关，当电容值大时脉冲幅值高，但脉冲宽度也会变大，在应用时要根据实际情况做调整。

利用雪崩晶体管脉冲产生电路可以获得比较陡峭的脉冲沿，选择适当功率的雪崩管，可得到幅值为数十伏量级而脉冲宽度低于 1 ns 的窄脉冲，在应用中还可通过晶体管级联方式得到上千伏的输出脉冲幅值。此电路常用于较大功率的脉冲产生电路，如超宽带雷达技术、较远距离的超宽带通信技术等。

4.4.2　雪崩电路参数计算

根据雪崩管的工作原理，结合 MARX 电路原理，设计出如图 4.18 所示的电路。

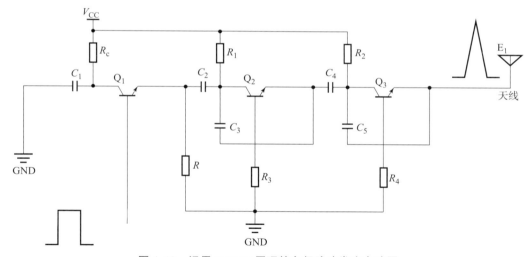

图 4.18　运用 MARX 原理的多级脉冲发生电路图

当触发脉冲尚未到达时，雪崩管截止，电容 C_2、C_4 在 V_{CC} 的作用下分别通过电阻 R、R_1 和 R_3、R_2 充电（充电后其电压近似等于电源电压 V_{CC}）。当一个足够大的触发脉冲到来后，使晶体管工作点运动到不稳定的雪崩负阻区，Q_1 雪崩击穿，产生快速增大的雪崩电流，导致电容 C_1 经由晶体管 Q_1 快速放电，从而在负载电阻 R 上形成一个窄脉冲。由于雪崩电流很大，因此获得的窄脉冲有较高的峰值；又由于电容 C_1 储存的电荷很有限（一般只有几皮法至几十皮法），因此脉冲宽度也有限。也就是说，当开始雪崩以后，由于晶体管本身以及电路分布参数的影响，雪崩电流即电容 C 的放电电流只能逐渐增大；而到达某一峰值后，又由于电容 C 上电荷的减少使得放电电流逐渐减小。前者形成了脉冲的前沿，而后者则形成了脉冲的后沿。Q_1 雪崩击穿后，电容 C 放电注入负载 R。这个电压经过电容 C_2，导致 Q_2 过压并且雪崩击穿。同理 Q_3 也依次快速雪崩击穿，在负载上就可以得到一个上升时间非常短的 UWB 极窄脉冲。

当雪崩晶体管按图 4.18 串行级联运用时，由于各个晶体管偏置临界雪崩状态，如果采用单管进行触发时，先产生雪崩击穿的是基极受到触发信号的晶体管，接着才是后面级联的晶体管产生雪崩击穿效应。对于产生皮秒量级的脉冲而言，电路中任何一个部分存在的时间延迟都会影响产生的输出脉冲，使得输出脉冲的上升时间变长和脉冲变宽。为了消除电路中存在的雪崩依次延时，对电路进行改进，在多个晶体管的基极上加入了同步触发脉冲信号，使晶体管同时产生雪崩击穿，加快了负载上获得的脉冲的上升过程，获得了非常陡直的超宽带脉冲，如图 4.19 所示。

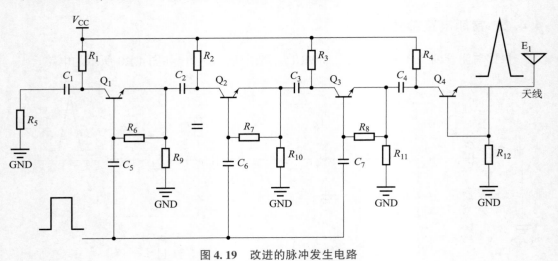

图 4.19　改进的脉冲发生电路

在雪崩管的动态过程中，工作点的移动相当复杂，现结合原理图（图 4.19）电路进行分析。

在电路中近似地将雪崩管静态负载电阻认为是 R_c，当基极未触发时，基极处于反偏，雪崩管截止。根据电路可列出雪崩管过程的方程为

$$\left.\begin{array}{l} i = i_u + i_c \\[2mm] V_{ce} = V_{CC} - i_c R_c - iR \\[2mm] V_{CC} = u_C(0) - \dfrac{1}{C}\displaystyle\int_0^{t_A} i_a \mathrm{d}t - iR \end{array}\right\} \tag{4.54}$$

式中：i 为通过雪崩管的总电流；i_c 为通过静态负载 R_c 的电流；i_a 为雪崩电流；$u_C(0)$

为电容 C 的初始电压；R 为动态负载电阻；C 为雪崩电容；t 为雪崩时间；V_{ce} 为雪崩管集 – 射级电压；V_{CC} 为电路直流偏置电压。

从式（4.54）可求解出雪崩过程动态负载线方程式为

$$V_{ce} = u_C(0) - \frac{1}{C}\int_0^{t_A}\left(i + \frac{V_{ce} - V_{CC} + iR}{R_c}\right)\mathrm{d}t - iR \tag{4.55}$$

在具体的雪崩管电路中，R_c 为几千欧（本实验中取为 6.8 kΩ），而 R 则为几十欧（本实验中取为 51 Ω），因此 $R_c \gg R$。雪崩时雪崩电流 i_a 比静态电流 i_c 大得多，即 $i_a \gg i_c$，所以 $i \approx i_a$。于是式（4.55）可简化为

$$V_{ce} = u_C(0) - \frac{1}{C}\int_0^{t_A} i\,\mathrm{d}t - iR \tag{4.56}$$

因为 $0 \sim t_A$ 这段雪崩时间很短，因此可以略去，即得

$$i = \frac{1}{R}[u_C(0) - V_{CC}] \tag{4.57}$$

式（4.56）和式（4.57）表明雪崩状态下，动态负载线是可变的。

雪崩管在雪崩区形成负阻特性，负阻区处于 BV_{ceo} 与 BV_{cbo} 之间，当电流再继续加大时，则会出现二次击穿现象，如图 4.20 所示。

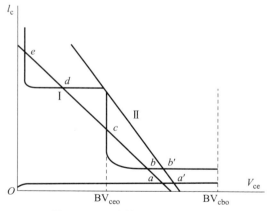

图 4.20　雪崩管二次击穿曲线图

图 4.20 中，电阻负载线 I 贯穿了两个负阻区。若加以适当的推动，工作点 a 会通过负阻区交点 b 到达 c，由于雪崩管的推动能力相当强，c 点通常不能被封锁，因而通过第二负阻区交点 d 而推向 e 点。工作点从 a 到 e 一共经过两个负阻区，即电压或电流信号经过两次正反馈的加速。因此，所获得的信号其电压或电流的幅度相当大，其速度也相当快。

当负载线很陡时，如图 4.20 中负载线 II 所示，它没有与二次击穿曲线相交而直接推到饱和区，这时就不会获得二次负阻区的加速。

负阻特性存在意味着器件内部有着强烈的正反馈。它与一般消耗能量的正阻相反，负阻在动态形式下可以存储与释放能量，这就是运用晶体管的雪崩特性获得大电流、高速脉冲的根本原因。晶体管雪崩区应用的特性参数主要是雪崩上升时间和雪崩脉冲幅度。这两个参数不仅取决于管子本身，而且还与具体的工作电路密切相关。由于晶体管的直流参数不能够准确地表征晶体管的雪崩性能，通常具有较低击穿电压的晶体管具有更快的雪崩上升时间、较高的脉冲重复周期，但所获得的脉冲幅度较低，因此在使用时需在两者之间权衡。

图 4.19 所示的 UWB 脉冲发生器在晶体管雪崩状态下可以用图 4.21 所示的电路进行简化等效。发生器中的串接电容在晶体管雪崩击穿状态下，可以等效一个电容，其值为 C/N，同时所下降的电压为 NV，其中 C 为单个储能电容的值，V 为单个电容两端压降，N 为串接电容的数目；NR_{on} 等效为所有串接晶体管雪崩状态下的导通电阻，其中 R_{on} 为单个晶体管雪崩状态下的导通电阻。根据 RC 电路的充放电特性可以得到负载电阻 R_{12} 上获得的脉冲幅度峰值 V_{op} 和脉冲下降时间分别为

$$V_{op} = \frac{R_{12}}{R_{11} + R_{12} + R_{on}} NV \tag{4.58}$$

$$t_f = 2.3 \left(R_{11} + R_{12} + NR_{on} \right) \frac{C}{N} \tag{4.59}$$

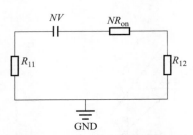

图 4.21　脉冲发生器等效电路

脉冲发生器的储能电容值为 5 pF，电阻 R_{11} 与负载电阻 R_{12} 为 51 Ω，晶体管在雪崩击穿状态下的导通电阻 R_{on} 一般为 30 ~ 50 Ω。

晶体管在开关状态下，脉冲的上升时间可近似表示为

$$t_r \approx \left(\frac{1}{2\pi \overline{f_t}} + 1.7 R_c C_c \right) \frac{I_{cm}}{I_b - \dfrac{I_{cm}}{2\beta}} \tag{4.60}$$

式中：f_t 为上升时间内特征频率的平均值；C_c 为 V_{CC} 电压下集电结电容值；I_{cm} 为集电极电流的最大值；R_c 为集电极负载电阻。

从式（4.60）可看出基极触发电流 I_{cbo} 对输出脉冲的上升时间存在着影响。当基极触发电流 I_{cbo} 增大时，脉冲的上升时间 t_r 会减小。由于晶体管串行级联结构的使用相当于各级输出脉冲波形进行乘积，使脉冲的上升过程加快，上升时间 t_r 得到进一步减小。

同时，由于对多个晶体管基极的并行同步触发，消除了各晶体管依靠传输依次延迟的雪崩时间，使得脉冲的上升时间 t 更短。UWB 脉冲的上升沿主要取决于管子的雪崩导通开关的速度，而下降沿主要由放电回路的放电速度决定，这两个因素决定着最终产生的 UWB 脉冲信号的形状和宽度。

雪崩晶体管电路中应确定的电路参数主要为雪崩晶体管、偏置电压 V_{CC}、雪崩电容 C、集电集电阻 R_c 等。

（1）雪崩晶体管。雪崩晶体管的选择依据主要是雪崩管的输出幅度及边沿应满足的要求。

通常晶体管的输出特性有饱和、线性、截止和雪崩四个区。晶体管在雪崩区工作时将出现强烈的负阻特性。晶体管在雪崩运用时，集电极 – 发射极端对外电路呈现电流控制的"S"形负阻特性，负阻特性存在意味着器件内部有着强烈的正反馈。它与一般消耗能量的正阻相反，负阻在动态形式下可以存储与释放能量，这就是运用晶体管的雪崩特性获得大电流、高速脉冲的根本原因。晶体管雪崩区应用的特性参数主要是雪崩上升时间和雪崩脉冲幅度。这两个参数不仅取决于管子本身，而且还与具体的工作电路密切相关。由于晶体管的直流参数不能准确地表征晶体管的雪崩性能，通常，具有较低击穿电压的晶体管具有更快的雪崩上升时间、较高的脉冲重复周期，但所获得的脉冲幅度较低。因此，在使用时需在两者之间权衡。

这里选择金属壳、TO – 18 封装的 2N2369A，这种三极管具有开关速度比较快、雪崩电流较大、击穿电压较低的特点。

（2）偏置电压 V_{CC}。必须适当选择偏置电压 V_{CC}，使雪崩晶体管能够发生雪崩效应，同时还应当满足 $V_{CC} \leqslant BV_{cbo}$。

（3）雪崩电容 C。雪崩电容 C 不应选择太大，C 太大，输出脉冲宽度加宽，电路恢复期太长；但也不能太小，C 太小，输出脉冲振幅减小，而且影响电容分布。通常取为几皮法到几十皮法。一般应选用瓷片电容或云母电容。

（4）集电极电阻 R_c。集电极电阻 R_c 应保证雪崩电路能够在静止期内恢复完毕，即 $(3\sim5)(R_c + R_L)C \leqslant T_s$，式中 T_s 为触发脉冲重复周期。

通常 R_c 选为几千欧姆到几十千欧姆。若取 $R_c = 5\,000\ \Omega$，$C = 5\ \text{pF}$，则 $T_s = 4 \times R_c \times C \approx 0.1$（μs）。即触发脉冲重复频率应小于 10 MHz。若取 $R_c = 50\ \text{k}\Omega$，则 $T_s \approx 1\ \mu\text{s}$，触发脉冲重复频率应小于 1 MHz。$R_c$ 不能选得太小，否则雪崩晶体管可能长时间处于导通状态，导致温度过高而烧坏。

第 5 章　超宽带无线电引信接收机

5.1　超宽带无线电引信接收机原理

超宽带无线电引信接收机是超宽带无线电引信的关键部分，也是整个系统实现的重点与难点。超宽带无线电引信接收机一般采用基于取样积分的相关接收机。

5.1.1　基于取样积分的超宽带无线电引信定距原理

取样积分是微弱信号检测方法之一，在物理、化学、生物医学、核磁共振等领域得到了广泛应用。它利用确定性周期信号在不同周期的相关特性和噪声的随机性特点，一方面可将淹没在强噪声中的周期性微弱信号复现出来；另一方面可利用取样开关产生距离门，只接收固定距离上的信号，从而实现距离检测。近年来，由于超宽带无线电技术的发展，取样积分原理在超宽带信号检测方面的应用受到了越来越多的重视。

取样积分包括取样和积分两个连续的过程，基本原理如图 5.1 所示。触发信号触发取样脉冲产生电路产生脉冲宽度为 T_g、重复周期为 T 的取样脉冲，取样脉冲到来，开关 K 闭合，积分电路对输入信号进行积分取样，取样脉冲间隔期间，开关 K 断开，积分电路保持 T_g 期间的积分结果。

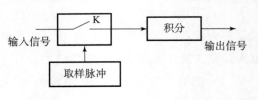

图 5.1　取样积分基本原理

取样积分电路的工作方式可分为定点式和扫描式两种。在定点工作方式中，取样脉冲与输入被测信号保持同步，这样取样积分就在被测信号周期的固定位置上进行，经过多个周期的取样积分，输出信号趋于被取样点处的平均值。定点工作方式结构比较简单，适用于检测周期信号或近似周期信号固定位置的幅度。在扫描工作方式中，触发信号经过慢扫描电路、时基电路和比较电路后触发取样脉冲产生电路，取样脉冲沿着被测信号从前向后逐次移动，经过多个周期，就可恢复被噪声污染的信号波形。

5.1.2　基于取样积分的超宽带无线电引信定距方程

对地超宽带无线电引信回波信号与发射信号有很大差别，出现波形的展宽和畸变等特征。若不考虑回波信号经过取样门期间回波信号波形的变化，用 $s(t)$ 来表示单个回波信号的时域波形，$s(t)$ 应满足：

$$s\left(t - \frac{2h}{c}\right) = w(t) \cdot h_{tp}(t,h,\theta,\phi) \cdot h(t,h,\theta,\phi) \cdot h_{rp}(t,\theta,\phi) \tag{5.1}$$

式中：h 为弹目之间的距离。

则随机脉位调制超宽带脉冲串的回波信号可表示为

$$u_r(t) = A_r(t) \sum_{i=0}^{N-1} s\left[t - iT - X_i + \frac{2v(iT + X_i - X_0)}{c} - \tau\right] \tag{5.2}$$

式中：$A_r(t)$ 为回波信号幅度；$\tau = 2H_0/c$ 为回波延迟时间，H_0 为 $t = 0$ 时刻的弹目距离。

取样脉冲可看作脉宽为 T_g、幅度为 1 的随机脉位调制矩形脉冲串，数学表达式为

$$u_p(t) = \sum_{i=0}^{N-1} \mu(t - iT - X_i - \tau_0) \tag{5.3}$$

式中：$\mu(t) = \begin{cases} 1, & 0 \leq t < T_g \\ 0, & \text{其他} \end{cases}$；$\tau_0 = 2h_0/c$，$h_0$ 为引信预定炸高。

将取样过程看作信号调制过程，取样输出信号可看作取样脉冲序列与回波信号的乘积。若取样效率为常数 k，则取样输出信号可写为

$$\begin{aligned}
u_s(t) &= k u_r(t) u_p(t) \\
&= k A_r(t) \sum_{i=0}^{N-1} s\left[t - iT - X_i + \frac{2v(iT + X_i - X_0)}{c} - \tau\right] \sum_{i=0}^{N-1} \mu(t - iT - X_i - \tau_0)
\end{aligned} \tag{5.4}$$

当 T_g 趋于 0 时，$u_p(t)$ 就变成一个随机脉位调制冲激串，即

$$u_p(t) = \sum_{i=0}^{N-1} \delta(t - iT - X_i - \tau_0) \tag{5.5}$$

此时 $u(t)$ 也变成一个冲激串，其冲激强度等于 $u_r(t)$ 以 $T_i = T + X_i - X_{i-1}$ 为间隔的样本，即

$$\begin{aligned}
u_s(t) &= k A_r(t) \sum_{i=0}^{N-1} s\left[t - iT - X_i + \frac{2v(iT + X_i - X_0)}{c} - \tau\right] \sum_{i=0}^{N-1} \delta(t - iT - X_i - \tau_0) \\
&= k \sum_{i=0}^{N-1} A_r(iT + X_i + \tau_0) \sum_{j=0}^{N-1} s\left[\tau_0 - \tau + \frac{2v(jT + X_j - X_0)}{c}\right] \delta(t - iT - X_i - \tau_0)
\end{aligned} \tag{5.6}$$

以上即为简化的超宽带无线电引信定距方程。当 $v = 0$ 时，取样脉冲对回波信号的

固定位置进行取样，取样积分输出信号为等幅的脉冲序列；当 $v \neq 0$ 时，对回波信号的取样位置发生变化，输出信号为经过速度调制的交流信号。

在实际取样积分实现过程中，积分电路的取样效率不可能保持常数，电路在不同周期的输出还与积分电路的初始状态有关。图 5.1 所示的取样积分电路是由门电路和积分电路串联而成的，积分电路完成对回波信号的取样、积分两个功能。由于开关 K 的作用，积分电路的传输特性不同于普通的积分电路。当开关 K 闭合，积分电路对输入信号进行取样积分；而当开关 K 断开，积分电路并不是对 0 进行积分，而是保持 T_g 期间的积分结果。取样积分电路中常见的积分电路有线性积分电路和指数式积分电路两种，下面分别就这两种不同的积分电路对超宽带无线电引信定距方程进行研究。

若图 5.1 中的积分电路为线性积分电路，则图 5.1 变为由电子开关和线性积分电路组成的线性门积分电路，如图 5.2 所示。

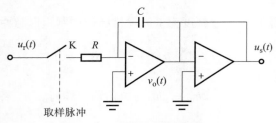

图 5.2　线性门积分电路

对于这种在不同时段工作状态不同的电路，可以将积分电阻 R 等效为一个时变电阻。当开关闭合时，积分电阻为 R；当开关断开时，积分电阻远远大于 R，可看作无穷大，等效积分电阻可表示为 $R_e(t) = R/u_p(t)$。

图 5.2 可由下列微分方程描述：

$$-C = \frac{\mathrm{d}v_o(t)}{\mathrm{d}t} = \frac{u_r(t)}{R_e(t)} \tag{5.7}$$

将 $R_e(t) = R/u_p(t)$ 代入式（5.7）并解方程得

$$v_o(t) = -\frac{1}{R}\int_0^t u_r(t')u_p(t')\,\mathrm{d}t' + v_{o0} \tag{5.8}$$

假设初始电压 $v_{o0} = 0$，则线性门积分电路的输出电压为

$$u_s(t) = -v_o(t) = \frac{1}{R}\int_0^t u_r(t')u_p(t')\,\mathrm{d}t \tag{5.9}$$

将式（5.2）和式（5.3）代入式（5.9），即可得到基于线性门积分电路的超宽带无线电引信定距方程，如下式所示：

$$u_s(t) = \frac{1}{R}\int_0^t A_r(t')\sum_{i=0}^{N-1} s\left[t' - iT - X_i + \frac{2v(iT + X_i - X_0)}{c} - \tau\right]\cdot$$

$$\sum_{i=0}^{N-1}\mu(t'-iT-X_i-\tau_0)\mathrm{d}t' \qquad (5.10)$$

若图 5.1 中的积分电路为指数式积分电路，则图 5.1 变为由电子开关和指数积分电路组成的指数门积分电路，如图 5.3 所示。

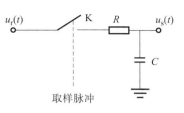

图 5.3 可由下列微分方程描述：

$$u_r(t)=u_s(t)+R_e(t)C\frac{\mathrm{d}u_s(t)}{\mathrm{d}t} \qquad (5.11)$$

图 5.3 指数门积分电路

将 $R_e(t)=R/u_p(t)$ 代入式（5.11）得

$$\frac{\mathrm{d}u_s(t)}{\mathrm{d}t}+\frac{u_s(t)u_p(t)}{RC}=\frac{u_r(t)u_p(t)}{RC} \qquad (5.12)$$

解一阶线性微分方程（5.12）得

$$u_s(t)=\mathrm{e}^{-\frac{1}{RC}\int_0^t u_p(t')\mathrm{d}t'}\left[\frac{1}{RC}\int_0^t u_r(t')u_p(t')\mathrm{e}^{\frac{1}{RC}\int_0^{t'} u_p(t')\mathrm{d}t'}\mathrm{d}t'+u_{o0}\right] \qquad (5.13)$$

假设初始电压 $u_{o0}=0$，可得

$$u_s(t)=\frac{1}{RC}\mathrm{e}^{-\frac{1}{RC}\int_0^t u_p(t')\mathrm{d}t'}\int_0^t u_r(t')u_p(t')\mathrm{e}^{\frac{1}{RC}\int_0^{t'} u_p(t')\mathrm{d}t'}\mathrm{d}t' \qquad (5.14)$$

将式（5.2）和式（5.3）代入式（5.14），即可得到基于指数门积分电路的超宽带无线电引信定距方程。

5.2 基于取样积分的超宽带无线电引信接收机设计

根据取样积分电路的工作原理，本节将对超宽带无线电引信接收机进行具体设计。设计思路主要基于以下几点：

1. 积分器的选择

由于线性门积分电路的输出幅度受到运算放大器线性工作范围的限制，为防止取样次数过多导致电路进入非线性区而引起测量误差，本节中的积分电路采用指数式积分电路。

2. 将取样和积分分开

在图 5.3 所示的指数门积分电路中，取样和积分的功能是由一个电容来完成的。要提高取样积分电路的抗干扰能力必须增大 RC，由于为了实现阻抗匹配，R 值受到限制，因此为了提高超宽带接收系统的抗干扰能力，需要提高电容的容值。然而在实际的取样平均器中，增大取样电容将影响门的开关速度，也就是说在取样积分电路中存在着取样和积累的矛盾，为解决这一问题，在取样积分电路中将取样和积分分开，如

图5.4 所示，其中，C_1 为取样电容，C_2 为积分电容。

3. 平衡结构

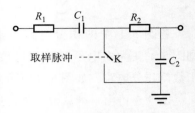

图5.4 将取样与积分分开

在实际工作过程中，取样积分电路存在着因取样脉冲抖动、脉冲宽度不稳定、偏置电压变化、器件老化等使取样积分电路的基线漂移的问题，从而影响信号检测性能。常见的取样积分电路主要有二极管桥式取样积分电路、双管半桥式取样积分电路、平衡取样积分电路，其中平衡取样积分电路采用对称结构，各对称元件参数相同，可提高取样积分电路的稳定性。

4. 增加微分环节

由于引信与目标之间存在相对运动，为提高引信的抗干扰能力，在取样积分环节的基础上增加微分环节以实现动目标检测。

综合以上因素，超宽带无线电引信接收机采用指数式积分电路，将取样与积分分开，采用平衡式结构，在取样积分环节的基础上增加微分环节，具体电路如图5.5 所示。

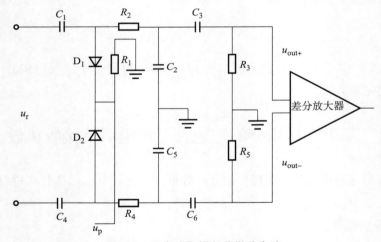

图5.5 平衡式取样积分微分电路

平衡式取样积分微分电路的输入端为超宽带平面三角形对称振子天线送来的目标回波信号，C_1、C_4 为取样电容，C_2、C_5 为积分电容，C_3、C_6 为微分电容，D_1、D_2 为肖特基二极管，u_p 为取样脉冲，平衡式取样积分微分电路的正负输出端分别送入差分放大器的正负输入端。

5.3 取样积分微分电路数学建模

根据二极管的不同工作状态，将取样积分微分电路在一个信号周期内分为两个工作阶段，从而建立它的数学模型，推导输出电压的表达式。由于平衡式取样积分微分电路上下两个部分的工作原理相同，这里仅考虑电路的上半部分。

1. 取样脉冲到来，二极管导通

取样脉冲到来时，二极管导通，忽略二极管阻值的影响，等效电路如图 5.6 所示。设第 n 个周期，二极管导通前，C_1、C_2、C_3 的初态分别为 u_{n1}、u_{n2}、u_{n3}。

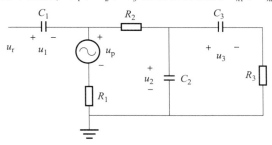

图 5.6　二极管导通时的等效电路

由图 5.8，可得如下方程组：

$$\left.\begin{aligned}
u_r &= u_1 + R_1\left(C_1\frac{\mathrm{d}u_1}{\mathrm{d}t} - C_2\frac{\mathrm{d}u_2}{\mathrm{d}t} - C_3\frac{\mathrm{d}u_3}{\mathrm{d}t}\right) + u_p \\
u_r &= u_1 + R_2\left(C_2\frac{\mathrm{d}u_2}{\mathrm{d}t} + C_3\frac{\mathrm{d}u_3}{\mathrm{d}t}\right) + u_2 \\
u_2 &= u_3 + R_3C_3\frac{\mathrm{d}u_3}{\mathrm{d}t}
\end{aligned}\right\} \tag{5.15}$$

图 5.8 中 $R_3 \gg R_2 \gg R_1$，易得 $i_{C_1} \gg i_{C_2} \gg i_{C_3}$，即 $C_1\dfrac{\mathrm{d}u_1}{\mathrm{d}t} \gg C_2\dfrac{\mathrm{d}u_2}{\mathrm{d}t} \gg C_3\dfrac{\mathrm{d}u_3}{\mathrm{d}t}$，为简化方程组的求解将方程组（5.15）化简为

$$\left.\begin{aligned}
u_r &= u_1 + R_1C_1\frac{\mathrm{d}u_1}{\mathrm{d}t} + u_p \\
u_r &= u_1 + R_2C_2\frac{\mathrm{d}u_2}{\mathrm{d}t} + u_2 \\
u_2 &= u_3 + R_3C_3\frac{\mathrm{d}u_3}{\mathrm{d}t}
\end{aligned}\right\} \tag{5.16}$$

对方程组（5.16）进行拉氏变换得

$$\left.\begin{aligned}
u_r/s &= u_1(s) + R_1C_1[su_1(s) - u_{n1}] + u_p(s) \\
u_r/s &= u_1(s) + R_2C_2[su_2(s) - u_{n2}] + u_2(s) \\
u_2(s) &= u_3(s) + R_3C_3[su_3(s) - u_{n3}]
\end{aligned}\right\} \tag{5.17}$$

解方程组（5.17），可得

$$u_1(s) = \frac{u_{n1} - u_r + u_p}{s + \lambda_1} + \frac{u_r - u_p}{s} \tag{5.18}$$

$$
\begin{aligned}
u_2(s) &= \frac{u_{n2} + \lambda_2 [u_r/s - u_1(s)]}{s + \lambda_1} \\
&= \frac{u_{n2}}{s + \lambda_2} + \frac{u_p \lambda_2}{s(s + \lambda_2)} - \frac{\lambda_2(u_{n1} - u_r + u_p)}{(s + \lambda_1)(s + \lambda_2)} \\
&= \frac{u_{n2}}{s + \lambda_2} + u_p\left(\frac{1}{s} - \frac{1}{s + \lambda_2}\right) - \frac{\lambda_2}{\lambda_2 - \lambda_1}(u_{n1} - u_r + u_p)\left(\frac{1}{s + \lambda_1} - \frac{1}{s + \lambda_2}\right)
\end{aligned} \tag{5.19}
$$

$$
\begin{aligned}
u_3(s) &= \frac{u_{n3} + \lambda_3 u_2(s)}{s + \lambda_3} \\
&= \frac{u_{n3}}{s + \lambda_3} - \frac{\lambda_3}{s + \lambda_3}\left[\frac{u_{n2}}{s + \lambda_2} + u_p\left(\frac{1}{s} - \frac{1}{s + \lambda_2}\right) - \frac{\lambda_2}{\lambda_2 - \lambda_1}(u_{n1} - u_r + u_p)\left(\frac{1}{s + \lambda_1} - \frac{1}{s + \lambda_2}\right)\right]
\end{aligned} \tag{5.20}
$$

式中: $\lambda_1 = \dfrac{1}{R_1 C_1}$; $\lambda_2 = \dfrac{1}{R_2 C_2}$; $\lambda_3 = \dfrac{1}{R_3 C_3}$。

对式（5.18）～式（5.20）进行拉氏反变换得

$$u_1(t) = (u_{n1} - u_r + u_p)e^{-\lambda_1 t} + u_r - u_p \tag{5.21}$$

$$u_2(t) = u_{n2}e^{-\lambda_2 t} + u_p(1 - e^{-\lambda_2 t}) - \frac{\lambda_2}{\lambda_2 - \lambda_1}(u_{n1} - u_r + u_p)(e^{-\lambda_1 t} - e^{-\lambda_2 t}) \tag{5.22}$$

$$
\begin{aligned}
u_3(t) = {}& u_{n3}e^{-\lambda_3 t} - \frac{u_{n2}\lambda_3}{\lambda_3 - \lambda_2}(e^{-\lambda_2 t} - e^{-\lambda_3 t}) + u_p(1 - e^{-\lambda_3 t}) - \frac{u_p \lambda_3}{\lambda_3 - \lambda_2}(e^{-\lambda_2 t} - e^{-\lambda_3 t}) - \\
& \frac{\lambda_2}{\lambda_2 - \lambda_1}(u_{n1} - u_r + u_p)\left[\frac{\lambda_3}{\lambda_3 - \lambda_1}(e^{-\lambda_1 t} - e^{-\lambda_3 t}) - \frac{\lambda_3}{\lambda_3 - \lambda_2}(e^{-\lambda_2 t} - e^{-\lambda_3 t})\right]
\end{aligned} \tag{5.23}
$$

2. 取样脉冲间隔期间，二极管截止

取样脉冲间隔期间，二极管截止，等效电路如图 5.7 所示，设在第 n 个周期，二极管截止时，C_1、C_2、C_3 的初态分别为 u'_{n1}、u'_{n2}、u'_{n3}。

由图 5.7，可得如下方程组：

$$
\left.
\begin{aligned}
& C_1 \frac{\mathrm{d}u_1}{\mathrm{d}t} = C_2 \frac{\mathrm{d}u_2}{\mathrm{d}t} + C_3 \frac{\mathrm{d}u_3}{\mathrm{d}t} \\
& u_r = R_2 C_1 \frac{\mathrm{d}u_1}{\mathrm{d}t} + u_1 + u_2 \\
& u_2 = u_3 + R_3 C_3 \frac{\mathrm{d}u_3}{\mathrm{d}t}
\end{aligned}
\right\} \tag{5.24}
$$

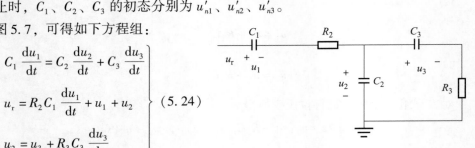

图 5.7　二极管截止时的等效电路

由于 $i_{C_1} \gg i_{C_2}$，即 $C_2 \dfrac{\mathrm{d}u_2}{\mathrm{d}t} \gg C_3 \dfrac{\mathrm{d}u_3}{\mathrm{d}t}$，为简化计算将方程组（5.24）化简为

$$C_1 \frac{\mathrm{d}u_1}{\mathrm{d}t} = C_2 \frac{\mathrm{d}u_2}{\mathrm{d}t}$$

$$u_r = R_2 C_1 \frac{\mathrm{d}u_1}{\mathrm{d}t} + u_1 + u_2 \right\} \qquad (5.25)$$

$$u_2 = u_3 + R_3 C_3 \frac{\mathrm{d}u_3}{\mathrm{d}t}$$

对方程组（5.25）进行拉氏变换得

$$C_1 [s u_1(s) - u'_{n1}] = C_2 [s u_2(s) - u'_{n2}]$$

$$u_r / s = R_2 C_1 [s u_1(s) - u'_{n1}] + u_1(s) + u_2(s) \right\} \qquad (5.26)$$

$$u_2(s) = u_3(s) + R_3 C_3 [s u_3(s) - u'_{n3}]$$

由方程组（5.26）的前两式可求得

$$u_1(s) = \frac{u'_{n1}}{s + \lambda_2} - \frac{C_2(u'_{n2} - u_r) - C_1 u'_{n1}}{C_1 + C_2} \left(\frac{1}{s} - \frac{1}{s + \lambda_{12}} \right) \qquad (5.27)$$

式中：$\lambda_{12} = \dfrac{C_1 + C_2}{R_2 C_1 C_2}$。

对式（5.27）进行拉氏反变换，可得

$$u_1(t) = u'_{n1} \frac{C_1 + C_2 \mathrm{e}^{-\lambda_{12} t}}{C_1 + C_2} + (u'_{n2} - u_r) \frac{-C_2 + C_2 \mathrm{e}^{-\lambda_{12} t}}{C_1 + C_2} \qquad (5.28)$$

由方程组（5.25）中的第二式，可得

$$u_2 = u_r - u_1 - R_2 C_1 \frac{\mathrm{d}u_1}{\mathrm{d}t} \qquad (5.29)$$

对式（5.28）进行求导，可得

$$\frac{\mathrm{d}u_1}{\mathrm{d}t} = -\frac{(u'_{n1} + u'_{n2} - u_r) \mathrm{e}^{-\lambda_{12} t}}{R_2 C_1} \qquad (5.30)$$

将式（5.30）代入式（5.29），可得

$$u_2(t) = u'_{n1} \frac{-C_1 + C_1 \mathrm{e}^{-\lambda_{12} t}}{C_1 + C_2} + (u'_{n2} - u_r) \frac{C_2 + C_1 \mathrm{e}^{-\lambda_{12} t}}{C_1 + C_2} + u_r \qquad (5.31)$$

对式（5.31）进行拉氏变换，得

$$u_2(s) = \frac{u'_{n1} C_1}{C_1 + C_2} \left(\frac{1}{s} - \frac{1}{s + \lambda_{12}} \right) + \frac{u_r}{s} + (u'_{n2} - u_r) \left[\frac{1}{s + \lambda_{12}} + \frac{C_2}{C_1 + C_2} \left(\frac{1}{s} - \frac{1}{s + \lambda_{12}} \right) \right]$$

$$(5.32)$$

由方程组（5.26）中的第三式，可求得

$$u_3(s) = \frac{u'_{n3} + \lambda_3 u_2(s)}{s + \lambda_3} \qquad (5.33)$$

式中：$\lambda_3 = \dfrac{1}{R_3 C_3}$。

将式（5.32）代入式（5.33），得

$$u_3(s) = \frac{u'_{n3}}{s+\lambda_3} - \frac{u'_{n1}C_1}{C_1+C_2}\left[\frac{\lambda_3}{s(s+\lambda_3)} - \frac{\lambda_3}{(s+\lambda_{12})(s+\lambda_3)}\right] + \frac{\lambda_3 u_r}{s(s+\lambda_3)} +$$

$$(u'_{n2} - u_r)\left\{\frac{\lambda_3}{(s+\lambda_{12})(s+\lambda_3)} + \frac{C_2}{C_1+C_2}\left[\frac{\lambda_3}{s(s+\lambda_3)} - \frac{\lambda_3}{(s+\lambda_{12})(s+\lambda_3)}\right]\right\}$$

$$(5.34)$$

对式（5.34）进行拉氏反变换，得

$$u_3(t) = u'_{n3}e^{-\lambda_3 t} - \frac{u'_{n1}C_1}{C_1+C_2}\left[1 - e^{-\lambda_3 t} - \frac{\lambda_3}{\lambda_3-\lambda_{12}}(e^{-\lambda_{12}t} - e^{-\lambda_3 t})\right] + u_r(1-e^{-\lambda_3 t}) + (u'_{n2}-u_r)\cdot$$

$$\left\{\frac{\lambda_3}{\lambda_3-\lambda_{12}}(e^{-\lambda_{12}t} - e^{-\lambda_3 t}) + \frac{C_2}{C_1+C_2}\left[1 - e^{-\lambda_3 t} - \frac{\lambda_3}{\lambda_3-\lambda_{12}}(e^{-\lambda_{12}t} - e^{-\lambda_3 t})\right]\right\} \quad (5.35)$$

5.4　基于时域数学模型的电路仿真方法

仿真过程中，取样脉冲以 T_{id} 步进对回波信号进行取样。电容上的电压不能突变，仿真中设第一个周期三个电容的初态为零。由于取样脉冲是有一定宽度的，在取样脉冲到来二极管导通期间，回波信号并不是定值，而是在上节取样积分微分电路输出电压递推表达式的推导过程中，将回波信号 $u_r(t)$ 的拉氏变换写为 u_r/s，而只有当 $u_r(t)$ 为某一恒定值时该拉氏变换才是正确的，因此，在对二极管导通期间的电路输出电压进行数值仿真中，需要首先对该期间的回波信号进行离散化，以保证在每个离散时间间隔内，u_r 可近似看作定值，然后再根据二极管导通时三个电容的初态 $u_{ni}(n=1,2,3)$，利用式（5.21）~式（5.23）将离散回波信号进行迭代运算，得到同周期二极管导通时的末态 u'_{ni}。对二极管截止期间电路输出电压的仿真采用类似方法，首先对二极管截止期间的回波信号进行离散化处理，然后再根据三个电容的初态 u'_{ni}，利用式（5.28）、式（5.31）、式（5.35）进行迭代运算以得到第 n 个周期三个电容的末态，也就是下个周期的初态 $u_{(n+1)i}$。在进行下个周期的仿真中，应使取样脉冲移动 T_{id}。根据以上仿真方法不停地迭代即可求得平衡式取样积分微分电路上半部分的输出 $u_{out+} = u_2 - u_3$。由于平衡式取样积分微分电路的下一级为差分放大器，因此将 $u_{out+} - u_{out-}$ 作为整个电路的输出波形。

5.4.1　平衡式取样积分微分电路暂态分析

引信开始工作时的回波信号延迟大于预定延迟 τ_0，取样脉冲到来二极管打开时，取样积分微分电路的输入为0。然而由图5.8可以看出，由于取样脉冲的存在，即使电路输入信号为0，取样积分微分电路仍然会对取样脉冲信号进行取样，取样、积分、微分电容上的电压将会发生变化。

在图 5.7 所示的平衡式取样积分微分电路中，当 $R_1 = 510\ \Omega$，$R_2 = R_4 = 100\ \mathrm{k\Omega}$，$R_3 = R_5 = 2\ \mathrm{M\Omega}$，$C_1 = C_4 = 82\ \mathrm{pF}$，$C_2 = C_5 = 4\ 700\ \mathrm{pF}$，$C_3 = C_6 = 820\ \mathrm{pF}$，$T_g = 0.5\ \mathrm{ns}$，$T = 200\ \mathrm{ns}$，弹目接近速度 $v_r = 200\ \mathrm{m/s}$，取样脉冲幅度为 $-2\ \mathrm{V}$ 时，引信开始工作后一段时间内，取样、积分、微分电容上的电压波形如图 5.8 所示。

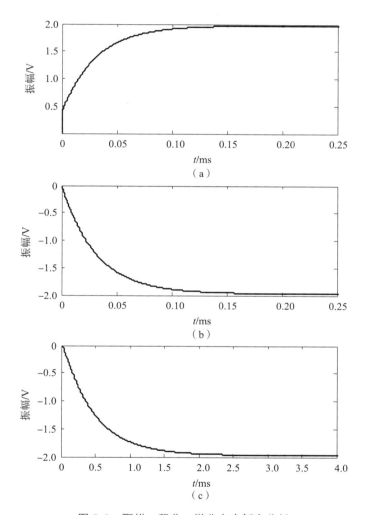

图 5.8　取样、积分、微分电容暂态分析

（a）取样电容电压；（b）积分电容电压；（c）微分电容电压

由图 5.8 可以看出，在引信开始工作 0.2 ms 左右，取样电容、积分电容上的电压达到稳态值，稳态电压分别为 1.96 V 和 -1.96 V，微分电容在引信工作 3 ms 左右电压达到稳态值，稳态电压为 -1.96 V。

5.4.2 平衡式取样积分微分电路稳态分析

在第 2 章中，利用了时域有限积分法对平面三角形对称振子天线和高斯相关随机粗糙地面进行了联合仿真，得到了对地无线电引信回波信号，其中，弹丸垂直入射，$\sigma_h = 0.01$ m，距离地面 3 m 时的回波信号及其频谱如图 5.9 所示。

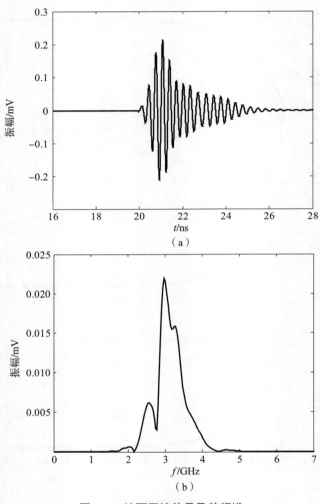

图 5.9 地面回波信号及其频谱

（a）回波信号时域波形；（b）回波信号频谱

将图 5.9 所示的地面回波信号作为平衡式取样积分电路的输入信号，采用基于时域数学模型的电路仿真方法，为减少仿真时间，设取样、积分、微分电容的初始电压为稳态电压，以下不再一一说明。

在图 5.5 所示的平衡式取样积分微分电路中，当 $R_1 = 510$ Ω，$R_2 = R_4 = 100$ kΩ，

$R_3 = R_5 = 2\ \text{M}\Omega$，$C_1 = C_4 = 82\ \text{pF}$，$C_2 = C_5 = 4\ 700\ \text{pF}$，$C_3 = C_6 = 820\ \text{pF}$，$T_g = 0.5\ \text{ns}$，$T = 200\ \text{ns}$，$v_r = 200\ \text{m/s}$ 时的电路输出波形如图 5.10 所示。

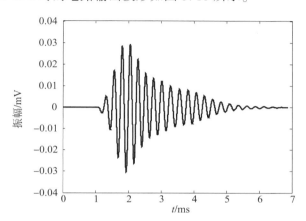

图 5.10　平衡式取样积分微分电路输出波形

由图 5.10 可以看出，平衡式取样积分微分电路输出波形与输入信号波形相似，在时间上大大展宽。

在第 2 章已经指出，对随机脉位调制超宽带脉冲串，其调制范围应满足 $T_0 \leqslant T - 3\Delta T$，为研究信号的调制范围对平衡式取样积分微分电路的影响，对不同调制范围的信号进行了仿真，仿真结果表明，不同调制范围下的输出信号波形没有明显变化，电路输出信号幅度列于表 5.1。

表 5.1　不同调制范围的电路输出信号幅度

调制范围 T_0/ns	0	50	100	150	190
电路输出幅度/mV	0.030 4	0.030 2	0.030 1	0.029 8	0.025 9

由表 5.1 可以看出，随机脉位调制的调制范围对平衡式取样积分微分电路输出信号幅度影响很小。这主要是由于回波信号与取样信号是同步的，采用随机脉位调制只会影响时域多普勒信号 T_{id} 的变化以及单个周期积分时间。而随机脉位调制所引起的时域多普勒信号 T_{id} 的变化范围与取样脉冲宽度相比很小，对回波信号中的某个固定位置来说，其被积累次数 N 近似等于 $\dfrac{T_g}{T_d}$，其中，$T_d = \dfrac{2v_r T}{c}$。由于 N 是一个很大的数，即使调制范围不同，对回波信号上的固定位置而言，被积分的总时间都近似等于 $N(T - T_g)$。

5.5 弹目接近速度对输出信号的影响

5.5.1 弹目接近速度对输出信号频率的影响

由 5.1 节的分析可知，回波信号以 T_{id} 步进依次通过平衡式取样积分微分电路的取样门，相当于取样脉冲以 T_{id} 为取样间隔对单个回波脉冲进行取样，其中，步进量 $T_{id} = \dfrac{2T_i v_r}{c}$。如图 5.11 所示，一个持续时间为 l 的周期性信号，从最初被平均重复周期为 T 取样脉冲取样，到取样脉冲移出，约需要 $M = \dfrac{l}{T_d}$ 个周期，其中，$T_d = \dfrac{2T v_r}{c}$。此时经取样积分微分电路后信号的长度变为

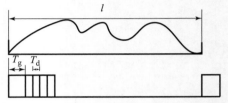

图 5.11 取样脉冲步进取样示意图

$$l' \approx MT = \frac{lT}{T_d} = \frac{c}{2v_r}l \tag{5.36}$$

由式（5.36）可以看出，信号长度变为原来的 $\dfrac{c}{2v_r}$，假设电路输出信号波形不变，则电路输出信号的频率变为原来的 $\dfrac{2v_r}{c}$ 倍，即

$$f' = \frac{2v_r}{c}f \tag{5.37}$$

式中：f 为输入信号频率；f' 为输出信号频率。

由式（5.37）可以看出，取样积分微分电路输出信号频率与弹目接近速度 v_r、输入信号频率成正比。

以上分析是建立在信号波形不变的基础上的。在实际电路中，取样脉冲是有一定宽度的，在取样门打开期间，回波信号不是恒定不变的，因此取样输出信号应该是取样门打开期间回波信号在取样电容上的积累平均值。此外，平衡式取样积分微分电路并不能对输入信号的幅度完全恢复，且对不同频率成分的增益是不同的，对于一个带宽很宽的输入信号，其输出信号波形有可能发生变化，因此式（5.37）只是个近似关系。

上面从信号展宽的角度分析了取样积分输出信号频率与输入信号频率的近似关系，下面将对取样积分对周期性信号的频谱压缩做出严格的数学推导。

若被取样信号 $f(t)$ 是一个周期性信号，展开为傅里叶级数的形式为

$$f(t) = \sum_{n=-\infty}^{\infty} c_n \mathrm{e}^{jn\omega_s t} \tag{5.38}$$

式中：c_n 为被取样信号 $f(t)$ 的第 k 次谐波分量的傅里叶系数；$\omega_s = \dfrac{2\pi}{T_s}$ 为信号的角频率，T_s 为信号周期。

取样脉冲展开为傅里叶级数的形式为

$$u_p(t) = \sum_{m=-\infty}^{\infty} d_m \mathrm{e}^{jm\omega_p t} \tag{5.39}$$

式中：d_m 为取样脉冲的第 k 次谐波分量的傅里叶系数；$\omega_p = \dfrac{2\pi}{T_p}$ 为信号的角频率，T_p 为取样信号周期。

将取样过程简单地看作脉冲的调制过程，取样输出信号可看作两个信号之积，表达式为

$$
\begin{aligned}
u'(t) &= f(t) u_p(t) \\
&= \sum_{n=-\infty}^{\infty} c_n \mathrm{e}^{jn\omega_s t} \sum_{m=-\infty}^{\infty} d_m \mathrm{e}^{jm\omega_p t}
\end{aligned} \tag{5.40}
$$

认为被取样信号和取样脉冲在数学上是收敛函数，因此可调换和号位置，式（5.40）变为

$$u'(t) = f(t) u_p(t) = \sum_{m=-\infty}^{\infty} \sum_{n=-\infty}^{\infty} c_n d_m \mathrm{e}^{jn\omega_s t} \mathrm{e}^{jm\omega_p t} \tag{5.41}$$

总能找到一个整数 k，使得 $k = m + n$，从而式（5.41）变为

$$
\begin{aligned}
u'(t) &= \sum_{k=-\infty}^{\infty} \sum_{n=-\infty}^{\infty} c_n d_{k-n} \mathrm{e}^{jn\omega_s t} \mathrm{e}^{j(k-n)\omega_p t} \\
&= \sum_{k=-\infty}^{\infty} \left[\sum_{n=-\infty}^{\infty} c_n d_{k-n} \mathrm{e}^{jn(\omega_s - \omega_p)t} \right] \mathrm{e}^{jk\omega_p t}
\end{aligned} \tag{5.42}
$$

当取样脉冲的脉宽 T_g 趋于 0 时，取样脉冲就变成一个冲激串，展开为傅里叶级数的形式为

$$u_p(t) = \frac{1}{T_p} \sum_{m=-\infty}^{\infty} \mathrm{e}^{jm\omega_p t} \tag{5.43}$$

此时 $d_m = \dfrac{1}{T_p}$，式（5.42）变为

$$
\begin{aligned}
u(t) &= \sum_{k=-\infty}^{\infty} \left[\frac{1}{T_p} \sum_{n=-\infty}^{\infty} c_n \mathrm{e}^{jn(\omega_g - \omega_p)t} \right] \mathrm{e}^{jk\omega_p t} \\
&= \sum_{k=-\infty}^{\infty} \left[\frac{1}{T_p} \sum_{n=-\infty}^{\infty} c_n \mathrm{e}^{j2\pi n(f_s - f_p)t} \right] \mathrm{e}^{j2\pi k f_p t}
\end{aligned} \tag{5.44}
$$

式（5.44）中方括号部分实际就是经过理想矩形低通滤波器后的取样信号，该信号的频谱形状基本由原来的傅里叶系数 c_n 决定，频率则是原信号频率与取样信号频率之差。

取样积分频谱压缩如图 5.12 所示。

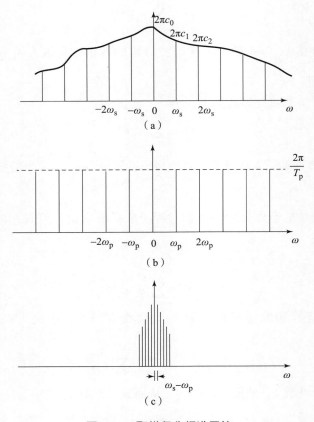

图 5.12　取样积分频谱压缩

（a）被取样信号的频谱；（b）取样脉冲频谱；（c）取样积分后频谱压缩

　　图 5.12（a）所示为被取样信号的频谱，对于周期信号，其频谱是离散的，谱线间隔为 ω_s，出现在频率 $n\omega_s$ 的强度为第 n 个傅里叶系数 c_n 的 2π 倍。图 5.12（b）所示为取样冲激脉冲串的频谱，谱线间隔为 ω_p，出现在频率 $n\omega_p$ 的强度为 $\dfrac{2\pi}{T_p}$。时域的抽样等价于频率的卷积，取样后的信号频谱应该是以取样频率 ω_p 进行周期重复的，由于被取样信号频带宽度要远远大于 ω_p，经过周期重复后会产生频谱重叠，在低频附近的频谱见图 5.12（c），各条谱线的强度分别为 $\dfrac{2\pi c_n}{T_p}$，谱线间隔为 $\omega_s - \omega_p$。

　　设

$$\omega_s - \omega_p = q\omega_s \tag{5.45}$$

式中：q 为取样频谱压缩系数，被取样积分后的信号频率变为原来的 q 倍。

　　对于超宽带无线电引信而言，取样脉冲平均重复周期为 T，回波信号平均重复周期为 $T - T_d$，回波信号各谱线间隔为 $\dfrac{1}{T - T_d}$，经取样积分后，信号各谱线间隔变为 $\dfrac{1}{T - T_d} -$

$\dfrac{1}{T}$，此时

$$q = \frac{\dfrac{1}{T - T_d} - \dfrac{1}{T}}{\dfrac{1}{T - T_d}} = 1 - \frac{T - T_d}{T} = 1 - \frac{T - \dfrac{2v_r T}{c}}{T} = \frac{2v_r}{c} \tag{5.46}$$

由此可得取样积分输出信号频率 f' 与输入信号频率 f 之间的关系式为

$$f' = \frac{2v_r}{c} f \tag{5.47}$$

实际上取样脉冲宽度不是无穷小的，此时取样脉冲的第 k 次谐波分量的傅里叶系数为

$$d_m = \frac{T_g}{T} \frac{\sin(m\omega_p T_g/2)}{m\omega_p T_g/2} = \frac{T_g}{T} \mathrm{sinc}(m\pi T_g/T) \tag{5.48}$$

由此取样后信号第 k 次谐波分量的衰减系数为 $\dfrac{T_g}{T}\mathrm{sinc}(k\pi T_g/T)$，对不同的谐波分量，衰减系数是不同的，由 sinc 函数的性质可知，取样脉冲宽度越小，sinc 函数的主峰宽度越大，傅里叶系数收敛越慢，取样环节对输入信号高次谐波分量和低次谐波分量衰减的差别也就越小。

然而，由积分电路形成的低通滤波器的传递函数并不是理想矩形的，对于如图 5.5 所示的指数门积分电路，若输入信号为幅度为 1，频率为 ω 的正弦信号，其稳态输出振幅为

$$u_{om} = \frac{\sin\left(k\pi \dfrac{T_g}{T}\right)}{k\pi \dfrac{T_g}{T}} \frac{1}{\sqrt{1 + \left[\dfrac{(\omega - k\omega_p)RCT}{T_g}\right]^2}} \tag{5.49}$$

由式（5.49）可以看出，经过取样积分，输入信号在各谐波处要经过一阶带通滤波，带宽取决于等效时间常数 RCT/T_g，且各谐波处的幅度为 $\left[\sin\left(k\pi \dfrac{T_g}{T}\right)\right]\Big/\left(k\pi \dfrac{T_g}{T}\right)$。

为使得取样积分对输入信号第 k 次谐波分量的衰减与基波分量相比不小于 -3 dB（k 次谐波分量的幅度衰减为基波分量幅度衰减的 0.707 倍），要求

$$\frac{\sin\left(k\pi \dfrac{T_g}{T}\right)}{k\pi \dfrac{T_g}{T}} \geqslant -3 \tag{5.50}$$

由式（5.50）可求得

$$T_g \leqslant \frac{0.44T}{k} \tag{5.51}$$

式（5.51）表明，被恢复的高频分量与取样脉冲脉宽成反比，取样脉冲宽度越小，对高频分量的分辨率越高。

上面从理论上分析了取样积分输出信号的频率与输入信号的频率关系。下面将利用基于时域数学模型的平衡式取样积分微分电路仿真方法对这一推导进行仿真验证。

在图 5.7 所示的平衡式取样积分微分电路中，当 $R_1 = 510\ \Omega$，$R_2 = R_4 = 100\ \text{k}\Omega$，$R_3 = R_5 = 2\ \text{M}\Omega$，$C_1 = C_4 = 82\ \text{pF}$，$C_2 = C_5 = 4\ 700\ \text{pF}$，$C_3 = C_6 = 820\ \text{pF}$，$T_g = 0.5\ \text{ns}$，$T = 200\ \text{ns}$，弹目接近速度分别等于 100 m/s、200 m/s、300 m/s 时的电路输出信号波形及其频谱，如图 5.13 所示。

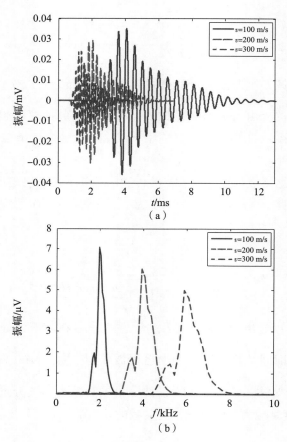

图 5.13　不同弹目接近速度时的电路输出信号时域波形及其频谱

（a）输出信号时域波形；（b）输出信号频谱

由图 5.13 可以看出，随着弹目接近速度的增大，电路输出信号频率逐渐增大，且基本呈线性关系。将图 5.11（b）与图 5.9 进行比较可以看出，输出信号频率与输入信

号频率基本满足 $f' = 2v_r f/c$ 这一关系。

5.5.2　弹目接近速度对输出信号幅度的影响

由图 5.13 不同速度条件下电路输出信号波形可以看出，当弹目接近速度变化时，不仅输出信号的频率发生了变化，其幅度也发生了变化。利用平衡式取样积分微分电路时域仿真方法，可得到不同弹目接近速度时的电路输出信号幅度，进行三次样条插值后绘于图 5.14。

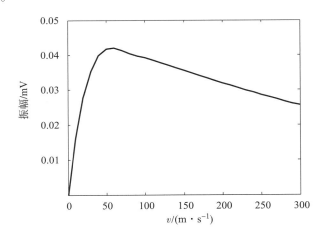

图 5.14　弹目接近速度与输出信号幅度关系曲线

由图 5.14 可以看出，输出信号幅值与弹目接近速度并不呈单调关系，而是存在一个极值点，将该极值点对应的弹目接近速度称为速度驻点。当弹目接近速度小于速度驻点时，输出信号幅度随弹目接近速度增加而增加，当弹目接近速度大于速度驻点时，输出信号幅度随弹目接近速度的增加而减小。

5.6　基于取样积分的超宽带无线电引信接收机抗干扰性能

无线电引信的干扰主要来自三个方面：自身干扰、环境干扰和人为干扰。其中，在自身干扰和环境干扰中，无线电引信主要受到电路噪声以及强背景噪声的干扰，而在人为有源干扰中，对引信威胁较大的是阻塞式干扰和回答式干扰。由于超宽带信号的功率谱密度很低，回答式干扰机侦察接收系统的检测难度很高，而噪声调频信号可以获得较宽的干扰带宽，是阻塞式干扰中最常用的干扰形式，因此，下文将主要从抗噪声和抗噪声调频干扰两方面对平衡式取样积分微分电路进行研究。

5.6.1　抗噪声性能

假设平衡式取样积分微分电路的输入信号为

$$u_\mathrm{i}(t) = u_\mathrm{r}(t) + n(t) \tag{5.52}$$

式中：$u_\mathrm{r}(t)$ 为目标回波信号；$n(t)$ 为均值为零、方差为 σ^2 的高斯白噪声。

根据取样积分原理，对信号进行 N 次取样平均，有用信号不变，而高斯白噪声经平均后变为原来的 $\dfrac{1}{\sqrt{N}}$ 倍，从而电路输出信号信噪比为

$$\mathrm{SNR}_\mathrm{out} = \frac{P_{u_\mathrm{r},\mathrm{out}}}{p_{n,\mathrm{out}}} = N \times \mathrm{SNR}_\mathrm{in} \tag{5.53}$$

式中：$P_{u_\mathrm{r},\mathrm{out}}$ 为电路输出有用信号功率；$P_{n,\mathrm{out}}$ 为输出噪声功率；SNR_in 为输入信噪比。

由此可得信噪比增益为

$$G = \frac{\mathrm{SNR}_\mathrm{out}}{\mathrm{SNR}_\mathrm{in}} = N \tag{5.54}$$

由式（5.54）可以看出，要提高超宽带信号接收机的抗干扰能力需要提高平均次数 N。而对于超宽带无线电引信而言，回波信号中每一点被积累平均的次数约等于 $\dfrac{T_\mathrm{g}}{T_\mathrm{d}}$，因此信噪比增益为

$$G \approx \frac{T_\mathrm{g}}{T_\mathrm{d}} = \frac{T_\mathrm{g}c}{2v_\mathrm{r}T} \tag{5.55}$$

对于指数式积分器而言，当 N 次取样积分时间接近 5 倍的积分器时间常数时，信号积累速度减慢，信噪比改善很小，因此式（5.55）只是取样积分信噪比增益的理论值。用数学分析的方法很难确定准确的信噪比增益，本节采用数值仿真的方法对平衡式取样积分微分电路的抗噪声性能进行研究。

在图 5.7 所示的平衡式取样积分微分电路中，当 $R_1 = 510\ \Omega$，$R_2 = R_4 = 100\ \mathrm{k}\Omega$，$R_3 = R_5 = 2\ \mathrm{M}\Omega$，$C_1 = C_4 = 22\ \mathrm{pF}$，$C_2 = C_5 = 2\ 200\ \mathrm{pF}$，$C_3 = C_6 = 470\ \mathrm{pF}$，$T_\mathrm{g} = 1\ \mathrm{ns}$，$T = 200\ \mathrm{ns}$，$v_\mathrm{r} = 200\ \mathrm{m/s}$，输入信噪比分别为 0 dB、−10 dB 和 −20 dB 时的平衡式取样积分微分电路输出信号如图 5.17 ~ 图 5.19 所示。

将图 5.15 ~ 图 5.17 中的电路输出信号与不带噪声的电路输出信号相比，可计算得到其输出信噪比分别为 22.6 dB、11.3 dB 和 2 dB，与输入信号相比，信噪比提高了约 22 dB。当输入信噪比为 0 dB、−10 dB 时，取样积分微分电路对噪声的积累效果较好，但是当噪声干扰过大，如 $\mathrm{SNR}_\mathrm{in} < -20\ \mathrm{dB}$ 时，电路输出信号信噪比较大，需进一步处理。

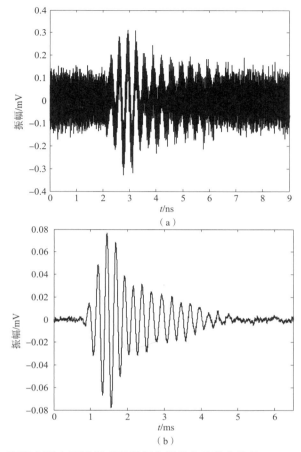

图 5. 15　高斯白噪声下平衡式取样积分微分电路输出信号（$SNR_{in} = 0$ dB）

（a）叠加高斯白噪声的地面回波信号；（b）电路输出信号

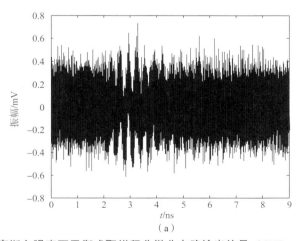

图 5. 16　高斯白噪声下平衡式取样积分微分电路输出信号（$SNR_{in} = -10$ dB）

（a）叠加高斯白噪声的地面回波信号

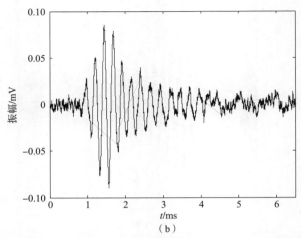

（b）

图 5.16　高斯白噪声下平衡式取样积分微分电路输出信号（SNR$_{in}$ = − 10 dB）（续）

（b）电路输出信号

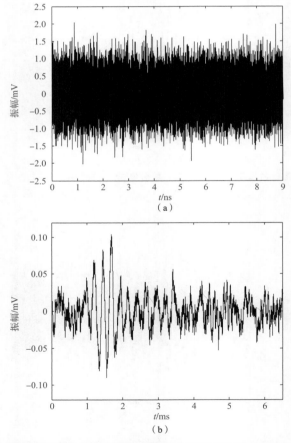

（a）

（b）

图 5.17　高斯白噪声下平衡式取样积分微分电路输出信号（SNR$_{in}$ = − 20 dB）

（a）叠加高斯白噪声的地面回波信号；（b）电路输出信号

5.6.2　抗阻塞式干扰性能

在对取样积分电路的抗阻塞式干扰性能进行研究之前，首先对取样积分抗正弦干扰性能进行说明。

不考虑正弦干扰的相位，正弦干扰可表示为

$$j(t) = a\mathrm{Re}[\exp(\mathrm{j}2\pi ft)] \tag{5.56}$$

式中：a 为干扰信号的幅度；f 为干扰频率。

当取样冲宽度趋于零时，若取样效率为常数 k，则对正弦干扰的取样信号可写为

$$
\begin{aligned}
u(t) &= kj(t)u_\mathrm{p}(t) \\
&= kA\mathrm{Re}[\exp(\mathrm{j}2\pi ft)]\sum_{n=0}^{N-1}\delta(t - nT - X_n - \tau_0) \\
&= kA\sum_{n=0}^{N-1}\mathrm{Re}\{\exp[\mathrm{j}2\pi f(nT + X_n + \tau_0)]\}\delta(t - nT - X_n - \tau_0) \\
&= kA\sum_{n=0}^{N-1}\mathrm{Re}[\exp(\mathrm{j}2\pi fnT + \mathrm{j}\varTheta)]\delta(t - nT - X_n - \tau_0)
\end{aligned}
\tag{5.57}
$$

式中：$\varTheta = \mathrm{mod}[2\pi f(X_n + \tau_0), 2\pi]$，$\mathrm{mod}(\cdot)$ 为求模运算。

由于 X_n 为随机变量，可认为 $\varTheta$ 为 $[0, 2\pi]$ 上均匀分布的随机变量，由此，正弦干扰的取样信号就表现为随机相位正弦信号，其均值为 0。若正弦干扰的幅度也是随机变量，则正弦干扰的取样信号就变为窄带高斯噪声，对干扰信号上某一点的多次积分平均后其值趋近于零。

以上从理论上分析了取样积分抗单频正弦干扰的性能，下面将对平衡式取样积分微分电路抗噪声调频干扰性能做进一步的仿真和验证。

噪声调频信号的数学表达式为

$$u_\mathrm{j}(t) = a\cos\left[2\pi f_\mathrm{j}t + k_\mathrm{j}\int_0^t n(t')\,\mathrm{d}t\right] \tag{5.58}$$

式中：a 为干扰信号幅值；f_j 为干扰信号中心频率；k_j 为调频指数；$n(t')$ 为调制噪声电压，设其为均值且为零，方差为 σ^2 的高斯噪声。若调制噪声的谱宽为 ΔF_n，则有效调频指数为 $m_{f_e} = f_e/\Delta F_\mathrm{n}$，其中，$f_e$ 为噪声调频信号的有效频偏，$f_e = k_\mathrm{j}\sigma$。当 $m_{f_e} \gg 1$ 时，噪声调频信号的等效带宽为 $B_\mathrm{j} = 2\sqrt{2\ln2}f_e = 2.35f_e$，频谱主要分布在 $[f_\mathrm{j} - B_\mathrm{j}/2, f_\mathrm{j} + B_\mathrm{j}/2]$。

基于噪声调频干扰的原理，利用 System View 软件对噪声调频干扰信号进行仿真，仿真模型如图 5.18 所示。仿真模型中主要包括高斯白噪声产生模块、低通滤波器和调频模块，高斯白噪声经过低通滤波后，再进行积分和相位调制处理，即为所需的噪声调频干扰信号。

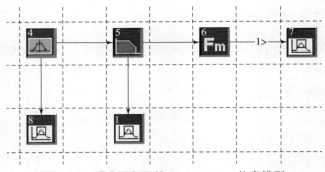

图 5.18 噪声调频干扰 System View 仿真模型

仿真中取高斯噪声的方差 $\sigma^2 = 1$，滤波器采用巴特沃斯低通滤波器，通带边界频率 $\omega_t = 50$ Hz，阻带边界频率 $\omega_z = 80$ Hz，通带波纹 $R_t = 30$ dB，阻带衰减 $R_z = 60$ dB，巴特沃斯低通滤波器幅频和相频曲线如图 5.19 所示。

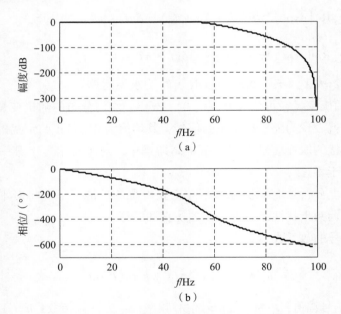

图 5.19 巴特沃斯低通滤波器幅频和相频曲线

（a）幅频曲线；（b）相频曲线

噪声调频干扰的其他参数取 $f_j = 3$ GHz，调频指数 $k_j = 0.8$ GHz/V，产生的噪声调频信号局部放大图及其频谱如图 5.20 所示。由图 5.20（b）可以看出，该信号的能量主要集中在 2 ~ 4 GHz，干扰信号频谱可有效覆盖超宽带无线电引信地面回波信号的频谱。

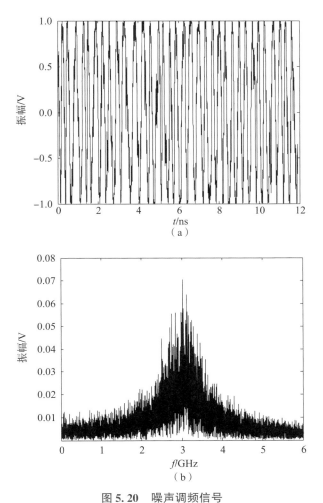

图 5.20　噪声调频信号

（a）噪声调频信号局部放大图；（b）噪声调频信号频谱

将噪声调频干扰下的地面回波信号作为平衡式取样积分微分电路的输入信号，在图 5 – 7 中，当 $R_1 = 510\ \Omega$，$R_2 = R_4 = 100\ \text{k}\Omega$，$R_3 = R_5 = 2\ \text{M}\Omega$，$C_1 = C_4 = 22\ \text{pF}$，$C_2 = C_5 = 2\ 200\ \text{pF}$，$C_3 = C_6 = 470\ \text{pF}$，$T_\text{g} = 1\ \text{ns}$，$T = 200\ \text{ns}$，$v_\text{r} = 200\ \text{m/s}$，取随机脉位调制的调制范围 $T_0 = 100\ \text{ns}$ 时，不同输入信噪比条件下的电路输出波形如图 5.21 ~ 图 5.23 所示，其输出信噪比分别为 22 dB、12 dB 和 2 dB，与输入信号相比，信噪比提高了 22 dB。

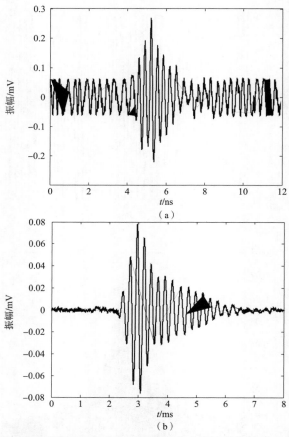

图 5.21　噪声调频干扰下平衡式取样积分微分电路输出信号（SNR$_{in}$ = 0 dB）

（a）叠加噪声调频干扰的地面回波信号；（b）电路输出信号

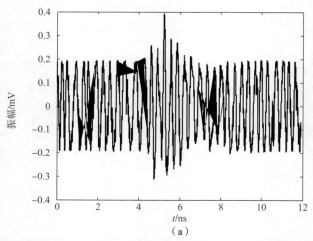

图 5.22　噪声调频干扰下平衡式取样积分微分电路输出信号（SNR$_{in}$ = -10 dB）

（a）叠加噪声调频干扰的地面回波信号

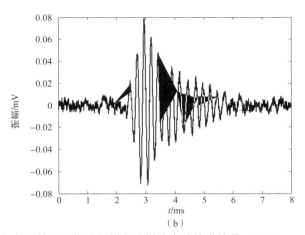

（b）

图 5.22   噪声调频干扰下平衡式取样积分微分电路输出信号（$SNR_{in} = -10\ dB$）（续）

（b）电路输出信号

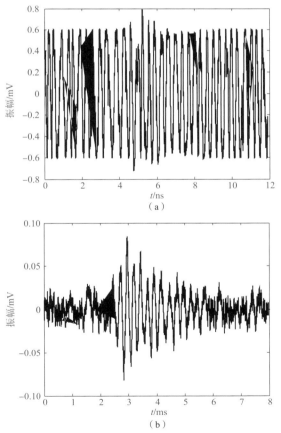

（a）

（b）

图 5.23   噪声调频干扰下平衡式取样积分微分电路输出信号（$SNR_{in} = -20\ dB$）

（a）叠加噪声调频干扰的地面回波信号；（b）电路输出信号

第6章　超宽带无线电引信天线

6.1　超宽带天线概念及主要参数

天线带宽是驻波比低于某一规定值（如驻波比小于2）的频带宽度，在天线工程中是一项最基本的指标。

天线频带宽度通常用相对带宽来表示：

$$B = \frac{f_{max} - f_{min}}{(f_{max} + f_{min})/2} \tag{6.1}$$

式中：f_{min} 和 f_{max} 分别为下限频率和上限频率。

天线的带宽目前习惯按以下的相对带宽分类。

（1）窄带天线：$0\% \leqslant B \leqslant 1\%$。

（2）带天线：$1\% \leqslant B \leqslant 25\%$。

（3）超宽带天线：$25\% \leqslant B \leqslant 200\%$。

习惯上天线带宽还用比值 f_{max}/f_{min} 来表示。

天线的频带宽度根据天线参数的允许变动范围来确定，这些参数可以是方向图、主瓣宽度、副瓣电平、方向性系数、增益、极化、输入阻抗等。天线的频带宽度随规定的参数不同而不同，由某一参数规定的频带宽度一般不满足另一参数的要求。如同时对几个参数都有要求，则应以其中最严格的要求作为确定天线频带宽度的依据。

6.2　常用超宽带天线

表6.1为几种常见宽带天线的性能比较。

不同形式的天线使用条件、频带不同，且各具有缺点。结构、方向图、带宽并不是均能保证的指标，必须在其中有所取舍。

由于引信天线收发在一起，给天线提供的空间有限，所以超宽带无线电引信天线一般采用平面三角形对称振子天线，该天线具有结构简单、尺寸小、宽频带、辐射在垂直轴平面内无方向性等特点。

表 6.1　几种常见宽带天线的性能比较

名称	优点	缺点
宽带对称振子	尺寸小、频带稍宽	效率低、增益低，结构加载
双锥天线	尺寸稍大、频带宽	效率低、增益低
TEM 喇叭天线	增益大、功率容限大	尺寸大、馈电困难
槽天线	平面结构频带窄	频带窄、功率容限小
加脊喇叭	功率容限大、频带宽	损耗大、多模
螺旋天线	频带宽	损耗大、功率容限小

6.3　平面三角形对称振子天线原理

平面三角形对称振子天线如图 6.1 所示，它属于双锥天线的一种变形形式，三角形振子为等腰三角形，天线振子平行的两边为三角形底边。

对于对称的双锥天线，特性阻抗表示为

$$Z_c = \frac{\eta_0}{\pi} \ln \cot \frac{\theta_0}{2} = 120 \ln \cot \frac{\theta_0}{2} \qquad (6.2)$$

由此可见，双锥天线的特性阻抗仅仅取决于半锥角 θ_0，是个于离开馈电点的距离无关的常量。在半锥角 θ_0 较大时，双锥天线的特性阻抗可以很低，可以预期大锥角双锥天线一定具有良好的阻抗宽频带特性。

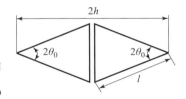

图 6.1　平面三角形对称振子天线

对于无限长的双锥天线，由于只有 TEM（横电磁波）传输，而且没有反射，因而其输入阻抗即为双锥天线的特性阻抗，即

$$Z_{in} = Z_c = 120 \ln \cot \frac{\theta_0}{2} \qquad (6.3)$$

有限长双锥天线输入阻抗为

$$Z_{in} = \frac{1}{Y_{in}} = Z_c \frac{Z(l)\cos k_0 l + \mathrm{j} Z_c \sin k_0 l}{Z_c \cos k_0 l + \mathrm{j} Z(l) \sin k_0 l} \qquad (6.4)$$

由此可见，有限长双锥天线的输入阻抗是其电长度 $k_0 l$ 的函数，而 Z_{in} 随电长度 $k_0 l$ 变化的快慢程度则主要由其终端导纳 $Y(l) = 1/Z(l)$ 决定，如果 $Y(l)$ 接近于双锥天线的特性导纳，则天线的输入阻抗几乎不随电长度变化。求得双锥天线的等效终端导纳 $Y(l)$ 是分析双锥天线的关键，也是最困难的。利用 $r = l$ 面上的电磁场边界条件，可以将其终端导纳用一个变分稳定公式表示，即

$$Y(l) = I[E_a(\theta)]$$

$$= \frac{\mathrm{j}2\pi}{\eta_0 \left[\int_{\theta_0}^{\pi-\theta_0} E_{\mathrm{a}}(\theta)\mathrm{d}\theta \right]^2} \left\{ \sum_r \frac{1}{v(v+1)} \frac{\hat{J}_v(k_0 l)}{\hat{j}'(k_0 l)} \frac{\left[\int_{\theta_0}^{\pi-\theta_0} \sin\theta \frac{\mathrm{d}L_v(\theta)}{\mathrm{d}\theta} E_{\mathrm{a}}(\theta)\mathrm{d}\theta \right]^2}{\int_{\theta_0}^{\pi-\theta_0} \sin\theta L_v^2(\theta)\mathrm{d}\theta} - \right.$$

$$\left. \sum_n \frac{\left(n+\frac{1}{2} \right)\hat{H}_{\mathrm{H}}^{(2)}(k_0 l)}{n(n+1)\hat{H}_{\mathrm{H}}^{(2)}{}'(k_0 l)} \left[\int_{\theta_0}^{\pi-\theta_0} \sin\theta \frac{\mathrm{d}P_n(\cos\theta)}{\mathrm{d}\theta} E_{\mathrm{a}}(\theta)\mathrm{d}\theta \right]^2 \right\} \tag{6.5}$$

式中：$E_{\mathrm{a}}(\theta)$ 为双锥天线内外域的分界面上电场强度的 $\hat{\theta}$ 方向分量，显然 $E_{\mathrm{a}}(\theta)$ 是未知的，式中的整数 $n=1$，3，5，…，即仅对奇数项求和。终端导纳的正确值就是式 (6.5) 的极小值，即

$$Y(l) = I\left[E_{\mathrm{a}}(\theta) \right]_{\min} \tag{6.6}$$

史密斯（P. Smith）利用天线界面上的边界条件及勒让德函数的正交关系，将双锥天线的等效终端导纳 $Y(l)$ 与外部场展开系数写成了一个包含有无穷多个待求量的线性方程组。在半锥角 θ_0 较大时，对天线起主要作用的是 TEM 模及几个最低次的 TM（横磁波）模，史密斯在内域只取一个 TEM 模，而在外域取几个 TM 模，得到一个计算大锥角双锥天线终端导纳的一个相当好的近似简化公式，即

$$Z_{\mathrm{c}}Y(l) = 120 \sum_n \frac{2n+1}{n(n+1)}P_n(\cos\theta_0) \frac{\left[\hat{H}_H^{(2)}(k_0 l) \right]^2}{\mathrm{j}\left[\hat{H}_H^{(2)}{}'(k_0 l) \right]^2} \tag{6.7}$$

引进距界面 $\lambda/4$ 处的等效阻抗 $Z_{\mathrm{a}} = Z_{\mathrm{c}}^2 Y(l)$，双锥天线的输入阻抗可以表示为

$$Z_{\mathrm{in}} = R_{\mathrm{in}} + \mathrm{j}X_{\mathrm{in}} = Z_{\mathrm{c}} \frac{Z_{\mathrm{a}}\sin k_0 l - \mathrm{j}Z_{\mathrm{c}}\cos k_0 l}{Z_{\mathrm{c}}\sin k_0 l - \mathrm{j}Z_{\mathrm{a}}\cos k_0 l} \tag{6.8}$$

由式 (6.7) 得到 $Z_{\mathrm{a}} = Z_{\mathrm{c}}^2 Y(l)$，当 $\theta_0 > 20°$ 时，Z_{a} 随 $k_0 l$ 变化较缓慢，将所得的 Z_{a} 值代入式 (6.8)，可以计算出双锥天线输入阻抗随电长度 $k_0 l$（$0.6 < k_0 l < 1.6$）的变化。同样，Z_{in} 随 $k_0 l$ 的变化快慢程度也由半锥角 θ_0 决定，θ_0 较大时 Z_{in} 随电长度的变化比较平缓。

将不同锥角的双锥天线的输入阻抗对其特性阻抗 Z_{c} 归一化，即令 $\widetilde{Z}_{\mathrm{in}} = Z_{\mathrm{in}}/Z_{\mathrm{c}}$，即可发现，对于 $\theta_0 = 39.2°$ 和 $\theta_0 = 50.6°$ 的两种双锥天线，当 $k_0 l$ 接近 1.6（l 为 $\lambda/4$）时，其归一化阻抗接近于 1，驻波比小于 1.4。进一步的分析计算及实验都表明，如果锥角足够大，则双圆锥天线的输入电阻和输入电抗随 $k_0 l$ 变化而变化得十分平缓，可以预期这种天线具有很宽的阻抗带宽。

平面三角形对称振子天线作为收发天线的传递函数表示为

$$\boldsymbol{H}_1(\theta_0, l, h, \omega, \boldsymbol{e}_1) = \frac{\boldsymbol{E}_1(\theta_0, l, h, \omega, \boldsymbol{e}_1)}{V_{\mathrm{s}}(\omega)} \tag{6.9}$$

$$H_2(\theta_0,l,h,\omega,e_2)=\frac{V_1(\omega)}{E_2(\theta_0,l,h,\omega,e_2)} \tag{6.10}$$

式中：$E_1(\theta_0,l,h,\omega,e_1)$ 为发射天线在 e_1 方向辐射信号；$E_2(\theta_0,l,h,\omega,e_2)$ 为接收天线在 e_2 方向接收目标回波信号；$V_s(\omega)$ 为发射天线激励信号；$V_1(\omega)$ 为接收天线输出信号。

由式（6.9）和式（6.10）得到平面三角形对称振子天线激励信号和接收信号关系为

$$\frac{V_1(\omega)}{V_s(\omega)}=kH_1(\theta_0,l,h,\omega,e_1)H_2(\theta_0,l,h,\omega,e_2) \tag{6.11}$$

式中：$k=\dfrac{E_2(\theta_0,l,h,\omega,e_2)}{E_1(\theta_0,l,h,\omega,e_1)}$ 为包括幅度、相位和延迟因素的复数增益。

由式（6.11）可以看出平面三角形对称振子天线接收信号幅度除了与天线激励信号有关外，主要还受到天线张角 $2\theta_0$、边长 l 以及底边距离的影响。

6.4　三角形对称振子天线仿真

平面三角形对称振子天线外形尺寸对天线辐射特性和时域响应特性影响很大。借助 CST 仿真软件，研究平面三角形对称振子天线外形尺寸对天线电压驻波比的影响，研究平面三角形对称振子天线外形尺寸和不同宽度脉冲激励信号对天线辐射特性的影响，研究不同宽度脉冲信号激励时天线时域响应特性，为平面三角形对称振子天线优化设计奠定基础。

6.4.1　平面三角形对称振子天线电压驻波比特性

1. 三角形振子天线张角与电压驻波比关系

改变平面三角形对称振子天线张角对天线电压驻波比特性进行研究。选取平面三角形对称振子天线侧边长为 30 mm，底边间距为 2 mm，振子张角分别为 15°、25°、35°、45°和 50°，平面三角形对称振子不同张角天线电压驻波比如图 6.2 所示。

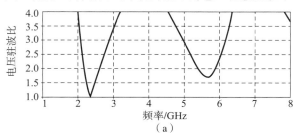

（a）

图 6.2　不同张角天线电压驻波比

（a）张角 15°

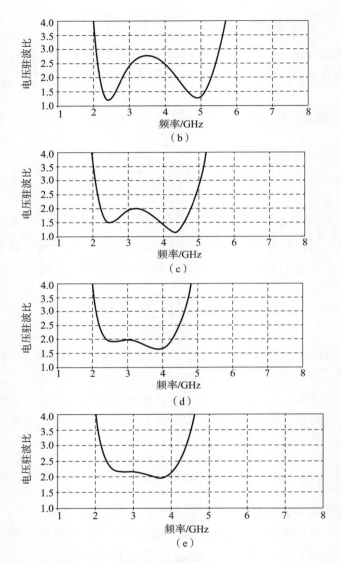

图 6.2　不同张角天线电压驻波比（续）

（b）张角 25°；（c）张角 35°；（d）张角 45°；（e）张角 50°

　　根据图 6.2 可以看出，平面三角形对称振子天线张角小于 35° 时电压驻波比小于 2 的对应区间分为两部分，第一部分在 2～3 GHz；第二部分在 4～6 GHz，张角越大第二部分对应的频率越低，电压驻波比小于 2 对应频率范围越大。天线张角大于 35° 时电压驻波比小于 2 的频率在 2～5 GHz，张角增大，电压驻波比对应频率范围减小。

2. 三角形振子天线边长与电压驻波比关系

　　改变平面三角形对称振子天线侧边长对天线电压驻波比特性进行研究。选取平面三角形对称振子天线张角为 35°，底边间距为 2 mm，振子侧边长分别为 15 mm、20 mm、25 mm 和 30 mm，平面三角形对称振子不同边长天线电压驻波比如图 6.3 所示。

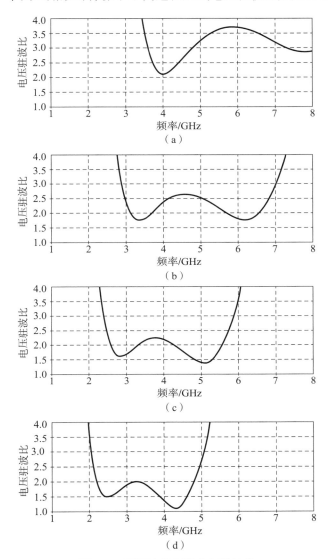

图 6.3　不同边长天线电压驻波比

（a）侧边 15 mm；（b）侧边 20 mm；（c）侧边 25 mm；（d）侧边 30 mm

根据图 6.3 可以看出，平面三角形对称振子天线侧边从 15 mm 增大到 30 mm 电压驻波比小于 2 对应频率在 2 ~ 7 GHz，天线边长增加电压驻波比减小，驻波比小于 2 对应频率范围增大。

3. 三角形振子天线底边间距与电压驻波比关系

改变平面三角形对称振子天线底边间距对天线电压驻波比特性进行研究。选取平面三角形对称振子天线张角为35°，侧边长为30 mm，底边间距分别为1 mm、2 mm、3 mm和4 mm，平面三角形对称振子不同底边间距天线电压驻波比如图6.4所示。

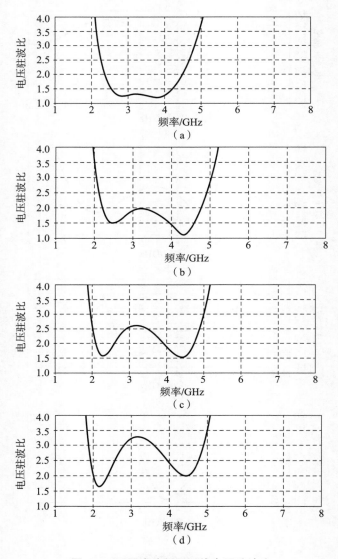

图6.4 不同底边间距天线电压驻波比

（a）间距1 mm；（b）间距2 mm；（c）间距3 mm；（d）间距4 mm

根据图6.4可以看出，平面三角形对称振子天线底边间距小于4 mm电压驻波比小于2的对应频率在2~5 GHz，天线底边间距增加，电压驻波比增大，驻波比小于2的对应频率范围减小。

6.4.2　单频信号激励时平面三角形对称振子天线辐射特性

1. 天线张角与辐射特性关系

改变平面三角形对称振子天线张角、边长和底边间距对天线辐射特性进行研究。

选取平面三角形对称振子天线侧边长为 30 mm，底边间距为 2 mm，振子张角为 15°，激励信号频率分别为 1 GHz、3 GHz、5 GHz 和 8 GHz 时平面三角形对称振子天线辐射方向图如图 6.5 所示。

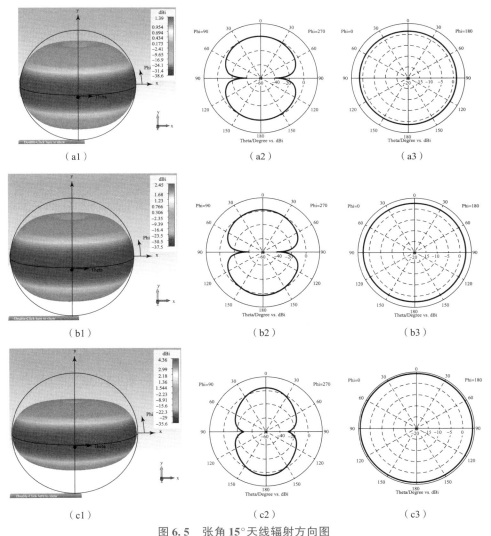

图 6.5　张角 15°天线辐射方向图

（a1）1 GHz 方向图；（a2）1 GHz E 面方向图；（a3）1 GHz H 面方向图；

（b1）3 GHz 方向图；（b2）3 GHz E 面方向图；（b3）3 GHz H 面方向图；

（c1）5 GHz 方向图；（c2）5 GHz E 面方向图；（c3）5 GHz H 面方向图

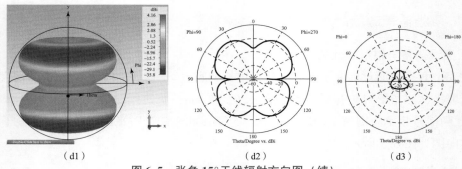

（d1）　　　　　　　　　（d2）　　　　　　　　　（d3）

图 6.5　张角 15°天线辐射方向图（续）

（d1）8 GHz 方向图；（d2）8 GHz E 面方向图；（d3）8 GHz H 面方向图

图 6.5 所示张角 15°的平面三角形对称振子天线辐射方向主要集中在 z 轴方向，即垂直于天线平面方向，对于频率 8 GHz 的激励信号，张角 15°的天线在 z 轴方向辐射减弱。图 6.5（a3）～（c3）所示张角 15°的天线是 H 面全向天线，激励信号频率增加，天线 H 面方向性系数增大。

张角 15°的平面三角形对称振子天线增益和 E 面半功率波束宽度见表 6.2。

表 6.2　张角 15°的平面三角形对称振子天线增益和 E 面半功率波束宽度

激励信号频率/GHz	1	3	5	8
半功率波束宽度/(°)	88.1	72	45.8	35.8
增益/dB	1.37	2.45	4.36	4.16

表 6.2 中激励信号频率从 1 GHz 增大到 8 GHz，天线半功率波束宽度减小，增益增大，天线 E 面辐射方向性增强。

选取平面三角形对称振子天线侧边长为 30 mm，底边间距为 2 mm，振子张角为 25°，激励信号频率分别为 1 GHz、3 GHz、5 GHz 和 8 GHz 时平面三角形对称振子天线辐射方向图如图 6.6 所示。

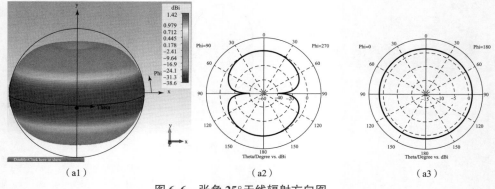

（a1）　　　　　　　　　（a2）　　　　　　　　　（a3）

图 6.6　张角 25°天线辐射方向图

（a1）1 GHz 方向图；（a2）1 GHz E 面方向图；（a3）1 GHz H 面方向图

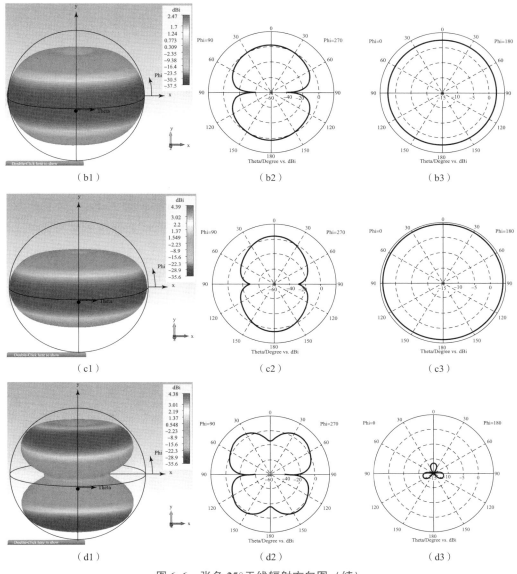

图 6.6　张角 25°天线辐射方向图（续）

（b1）3 GHz 方向图；（b2）3 GHz E 面方向图；（b3）3 GHz H 面方向图；

（c1）5 GHz 方向图；（c2）5 GHz E 面方向图；（c3）5 GHz H 面方向图；

（d1）8 GHz 方向图；（d2）8 GHz E 面方向图；（d3）8 GHz H 面方向图

图 6.6 所示张角 25°的平面三角形对称振子天线辐射方向主要集中在 z 轴方向，即垂直于天线平面方向，对于频率 8 GHz 的激励信号，张角 25°的天线在 z 轴方向辐射减弱。图 6.6（a3）~（c3）所示张角 25°的天线是 H 面全向天线，激励信号频率增加，天线 H 面方向性系数增大。

张角 25°的平面三角形对称振子天线增益和 E 面半功率波束宽度见表 6.3。

表 6.3 中激励信号频率从 1 GHz 增大到 8 GHz，天线半功率波束宽度减小，天线 E 面辐射方向性增强，增益增大到 4.39 dB 后基本保持不变。

表 6.3　张角 25°的平面三角形对称振子天线增益和 E 面半功率波束宽度

激励信号频率/GHz	1	3	5	8
半功率波束宽度/(°)	88.2	73.1	48.1	37.2
增益/dB	1.40	2.47	4.39	4.38

选取平面三角形对称振子天线侧边长为 30 mm，底边间距为 2 mm，振子张角为 35°，激励信号频率分别为 1 GHz、3 GHz、5 GHz 和 8 GHz 时平面三角形对称振子天线辐射方向图如图 6.7 所示。

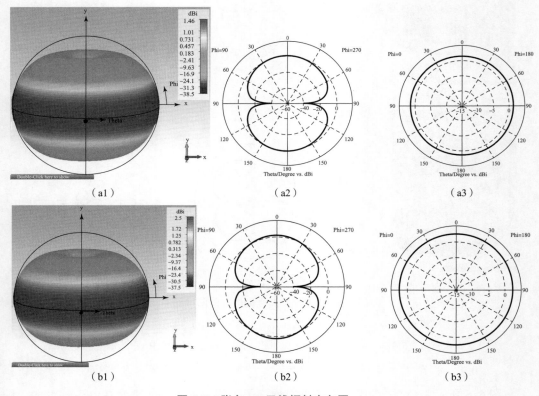

（a1）　　　　　　　　　　（a2）　　　　　　　　　　（a3）

（b1）　　　　　　　　　　（b2）　　　　　　　　　　（b3）

图 6.7　张角 35°天线辐射方向图

（a1）1 GHz 方向图；（a2）1 GHz E 面方向图；（a3）1 GHz H 面方向图；

（b1）3 GHz 方向图；（b2）3 GHz E 面方向图；（b3）3 GHz H 面方向图

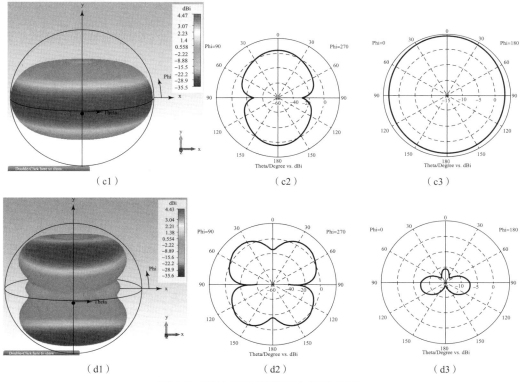

图 6.7　张角 35°天线辐射方向图　（续）

（c1）5 GHz 方向图；（c2）5 GHz E 面方向图；（c3）5 GHz H 面方向图；
（d1）8 GHz 方向图；（d2）8 GHz E 面方向图；（d3）8 GHz H 面方向图

　　图 6.7 所示张角 35°的平面三角形对称振子天线辐射方向主要集中在 z 轴方向，即垂直于天线平面方向，对于频率 8 GHz 的激励信号，张角 35°的天线在 z 轴方向辐射减弱。图 6.7（a3）～（c3）所示张角 35°的天线是 H 面全向天线，激励信号频率增加，天线 H 面方向性系数增大。

　　张角 35°的平面三角形对称振子天线增益和 E 面半功率波束宽度见表 6.4。

表 6.4　张角 35°的平面三角形对称振子天线增益和 E 面半功率波束宽度

激励信号频率/GHz	1	3	5	8
半功率波束宽度/(°)	88.4	74.3	50.7	38.3
增益/dB	1.44	2.50	4.45	4.43

　　表 6.4 中激励信号频率从 1 GHz 增大到 8 GHz，天线半功率波束宽度减小，天线 E 面辐射方向性增强，增益增大到 4.47 dB 后基本保持不变。

选取平面三角形对称振子天线侧边长为 30 mm，底边间距为 2 mm，振子张角为 45°，激励信号频率分别为 1 GHz、3 GHz、5 GHz 和 8 GHz 时平面三角形对称振子天线辐射方向图如图 6.8 所示。

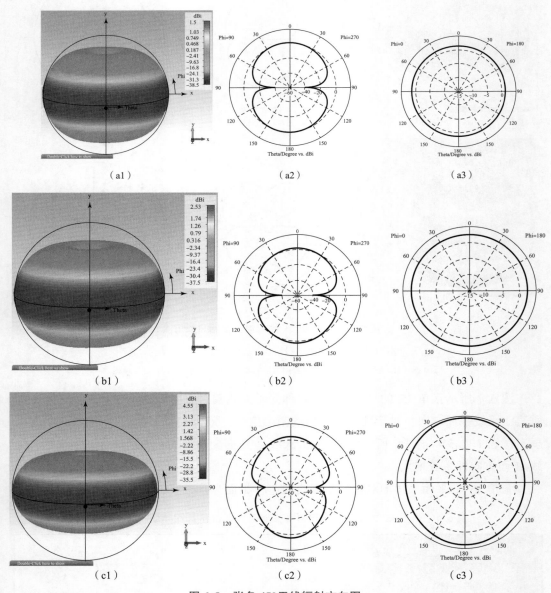

图 6.8　张角 45°天线辐射方向图

（a1）1 GHz 方向图；（a2）1 GHz E 面方向图；（a3）1 GHz H 面方向图；

（b1）3 GHz 方向图；（b2）3 GHz E 面方向图；（b3）3 GHz H 面方向图；

（c1）5 GHz 方向图；（c2）5 GHz E 面方向图；（c3）5 GHz H 面方向图

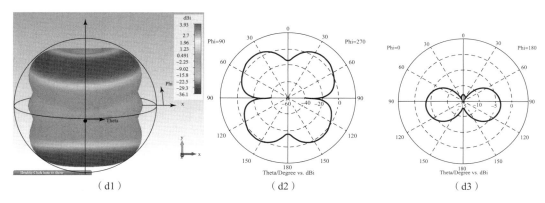

图 6.8　张角 45°天线辐射方向图（续）

（d1）8 GHz 方向图；（d2）8 GHz E 面方向图；（d3）8 GHz H 面方向图

图 6.8 所示张角 45°的平面三角形对称振子天线辐射方向主要集中在 z 轴方向，即垂直于天线平面方向，对于频率 8 GHz 的激励信号，张角 45°的天线在 z 轴方向辐射减弱。图 6.8（a3）～（c3）所示张角 45°的天线是 H 面全向天线，激励信号频率增加，天线 H 面方向性系数增大。

张角 45°的平面三角形对称振子天线增益和 E 面半功率波束宽度见表 6.5。

表 6.5　张角 45°的平面三角形对称振子天线增益和 E 面半功率波束宽度

激励信号频率/GHz	1	3	5	8
半功率波束宽度/(°)	88.5	75.7	53.6	38.9
增益/dB	1.47	2.53	4.53	3.95

表 6.5 中激励信号频率从 1 GHz 增大到 8 GHz，天线半功率波束宽度减小，天线 E 面辐射方向性增强，天线增益增大到 4.53 dB 然后降至 3.95 dB。

2. 天线边长与辐射特性关系

选取平面三角形对称振子天线振子张角为 35°，底边间距为 2 mm，侧边长为 15 mm，激励信号频率分别为 1 GHz、3 GHz、5 GHz 和 8 GHz 时平面三角形对称振子天线辐射方向图如图 6.9 所示。

图 6.9 所示底边长 15 mm 的平面三角形对称振子天线辐射方向主要集中在 z 轴方向，即垂直于天线平面方向。图 6.9（a3）～（d3）所示侧边长 15 mm 的天线是 H 面全向天线，激励信号频率从 1 GHz 增大到 8 GHz，天线在 H 面沿 z 轴正方向方向性系数增大。

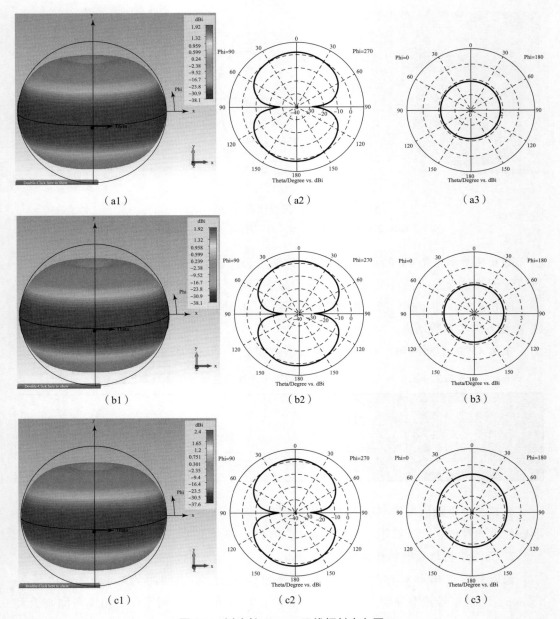

图 6.9 侧边长 15 mm 天线辐射方向图

（a1）1 GHz 方向图；（a2）1 GHz E 面方向图；（a3）1 GHz H 面方向图；

（b1）3 GHz 方向图；（b2）3 GHz E 面方向图；（b3）3 GHz H 面方向图；

（c1）5 GHz 方向图；（c2）5 GHz E 面方向图；（c3）5 GHz H 面方向图

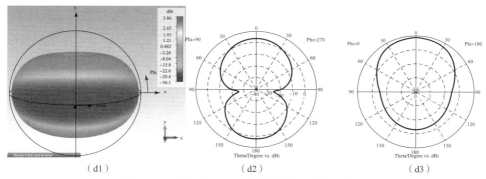

（d1）　　　　　　　　（d2）　　　　　　　　（d3）

图 6.9　侧边长 15 mm 天线辐射方向图（续）

（d1）8 GHz 方向图；（d2）8 GHz E 面方向图；（d3）8 GHz H 面方向图

侧边长 15 mm 的平面三角形对称振子天线增益和 E 面半功率波束宽度见表 6.6。

表 6.6　侧边长 15 mm 的平面三角形对称振子天线增益和 E 面半功率波束宽度

激励信号频率/GHz	1	3	5	8
半功率波束宽度/(°)	89.5	86	77.9	63.1
增益/dB	1.72	1.89	2.40	3.86

表 6.6 中激励信号频率从 1 GHz 增大到 8 GHz，天线半功率波束宽度减小，增益增大，天线 E 面辐射方向性增强。

选取平面三角形对称振子天线振子张角为 35°，底边间距为 2 mm，侧边长为 20 mm，激励信号频率分别为 1 GHz、3 GHz、5 GHz 和 8 GHz 时平面三角形对称振子天线辐射方向图如图 6.10 所示。

图 6.10 所示底边长 20 mm 的平面三角形对称振子天线辐射方向主要集中在 z 轴方向，即垂直于天线平面方向。图 6.10（a3）~（d3）所示侧边长 20 mm 的天线是 H 面全向天线，激励信号频率从 1 GHz 增大到 8 GHz，天线在 H 面沿 z 轴正方向方向性系数增大。

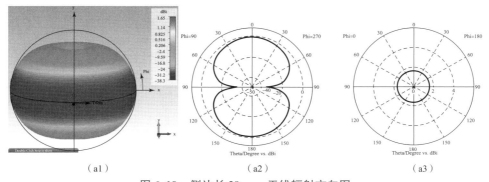

（a1）　　　　　　　　（a2）　　　　　　　　（a3）

图 6.10　侧边长 20 mm 天线辐射方向图

（a1）1 GHz 方向图；（a2）1 GHz E 面方向图；（a3）1 GHz H 面方向图

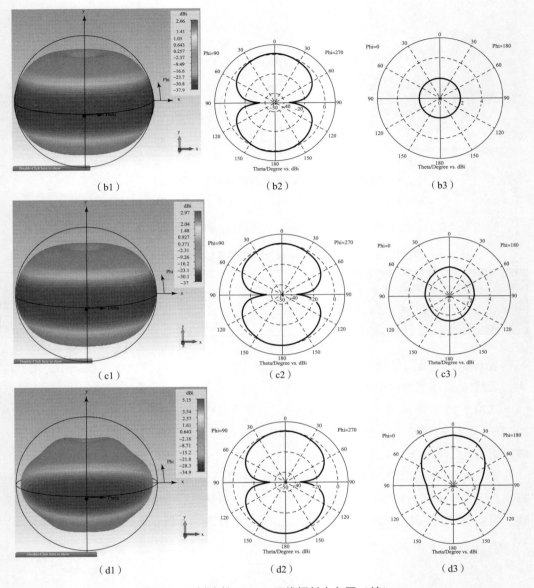

图 6.10 侧边长 20 mm 天线辐射方向图（续）

（b1）3 GHz 方向图；（b2）3 GHz E 面方向图；（b3）3 GHz H 面方向图；

（c1）5 GHz 方向图；（c2）5 GHz E 面方向图；（c3）5 GHz H 面方向图；

（d1）8 GHz 方向图；（d2）8 GHz E 面方向图；（d3）8 GHz H 面方向图

  侧边长 20 mm 的平面三角形对称振子天线增益和 E 面半功率波束宽度见表 6.7。

  表 6.7 中激励信号频率从 1 GHz 增大到 8 GHz，天线半功率波束宽度减小，增益增大，天线 E 面辐射方向性增强。

表 6.7　侧边长 20 mm 的平面三角形对称振子天线增益和 E 面半功率波束宽度

激励信号频率/GHz	1	3	5	8
半功率波束宽度/(°)	89.2	83	69.3	48
增益/dB	1.57	2.05	2.97	5.41

选取平面三角形对称振子天线振子张角为 35°，底边间距为 2 mm，侧边长为 25 mm，激励信号频率分别为 1 GHz、3 GHz、5 GHz 和 8 GHz 时平面三角形对称振子天线辐射方向图如图 6.11 所示。

图 6.11 所示底边长 25 mm 的平面三角形对称振子天线辐射方向主要集中在 z 轴方向，即垂直于天线平面方向。图 6.11（a3）～（c3）所示侧边长 25 mm 的天线是 H 面全向天线，激励信号频率增加，天线 H 面方向性系数增大。图 6.11（d1）所示激励信号频率为 8 GHz 时天线辐射方向发生改变。

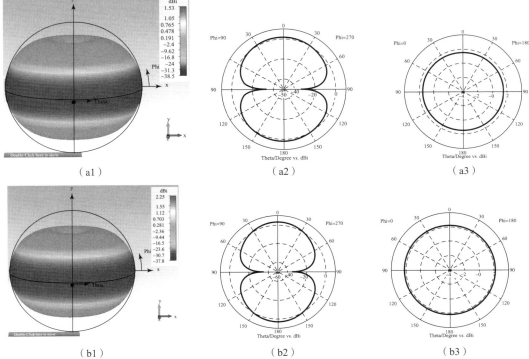

（a1）　　　　　　　　　　（a2）　　　　　　　　　　（a3）

（b1）　　　　　　　　　　（b2）　　　　　　　　　　（b3）

图 6.11　侧边长 25 mm 天线辐射方向图

（a1）1 GHz 方向图；（a2）1 GHz E 面方向图；（a3）1 GHz H 面方向图；
（b1）3 GHz 方向图；（b2）3 GHz E 面方向图；（b3）3 GHz H 面方向图

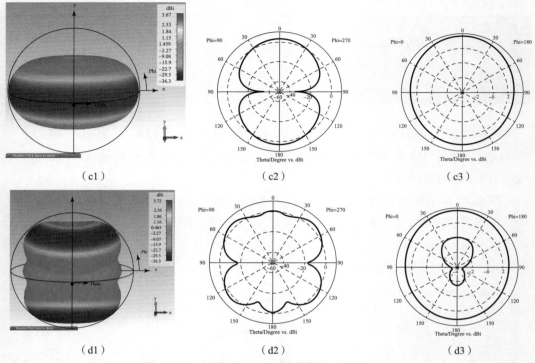

图 6.11　侧边长 25 mm 天线辐射方向图（续）

（c1）5 GHz 方向图；（c2）5 GHz E 面方向图；（c3）5 GHz H 面方向图；

（d1）8 GHz 方向图；（d2）8 GHz E 面方向图；（d3）8 GHz H 面方向图

侧边长 25 mm 的平面三角形对称振子天线增益和 E 面半功率波束宽度见表 6.8。

表 6.8　侧边长 25 mm 的平面三角对称振子天线增益和 E 面半功率波束宽度

激励信号频率/GHz	1	3	5	8
半功率波束宽度/（°）	88.8	79.1	60	38.7
增益/dB	1.49	2.25	3.67	3.36

表 6.8 中激励信号频率从 1 GHz 增大到 8 GHz，天线半功率波束宽度减小，天线 E 面辐射方向性增强，天线增益增大到 3.67 dB 后开始减小。

3. 天线底边间距与辐射特性关系

选取平面三角形对称振子天线振子张角为 35°，侧边长为 30 mm，底边间距为 1 mm，激励信号频率分别为 1 GHz、3 GHz、5 GHz 和 8 GHz 时平面三角形对称振子天线辐射方向图如图 6.12 所示。

图 6.12 所示底边间距 1 mm 的平面三角形对称振子天线辐射方向主要集中在 z 轴方

向，即垂直于天线平面方向，对于频率 8 GHz 的激励信号，底边间距 1 mm 的天线在 z 轴方向辐射减弱。图 6.12（a3）~（c3）所示底边间距 1 mm 的天线是 H 面全向天线，激励信号频率增加，天线 H 面方向性系数增大。

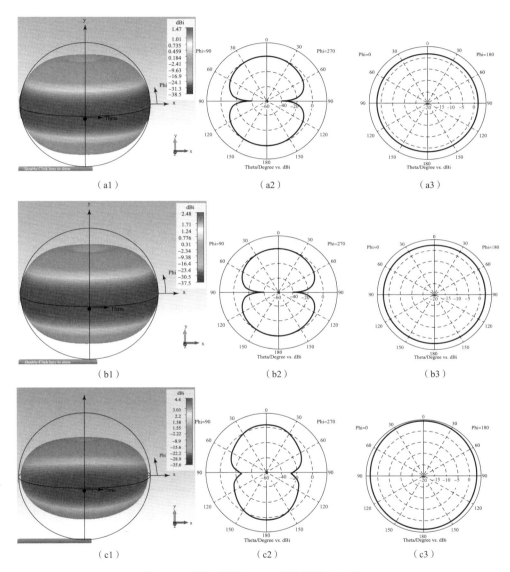

（a1）　　　　　　　　　　（a2）　　　　　　　　　（a3）

（b1）　　　　　　　　　　（b2）　　　　　　　　　（b3）

（c1）　　　　　　　　　　（c2）　　　　　　　　　（c3）

图 6.12　底边间距 1 mm 天线辐射方向图

（a1）1 GHz 方向图；（a2）1 GHz E 面方向图；（a3）1 GHz H 面方向图；

（b1）3 GHz 方向图；（b2）3 GHz E 面方向图；（b3）3 GHz H 面方向图；

（c1）5 GHz 方向图；（c2）5 GHz E 面方向图；（c3）5 GHz H 面方向图

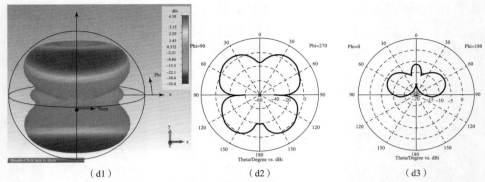

（d1） （d2） （d3）

图 6.12 底边间距 1 mm 天线辐射方向图 （续）

（d1） 8 GHz 方向图；（d2） 8 GHz E 面方向图；（d3） 8 GHz H 面方向图

底边间距 1 mm 的平面三角形对称振子天线增益和 E 面半功率波束宽度见表 6.9。

表 6.9 底边间距 1 mm 的平面三角形对称振子天线增益和 E 面半功率波束宽度

激励信号频率/GHz	1	3	5	8
半功率波束宽度/(°)	88.4	74.9	51.7	38.5
增益/dB	1.43	2.48	4.39	4.59

表 6.9 中激励信号频率从 1 GHz 增大到 8 GHz，天线半功率波束宽度减小，增益增大，天线 E 面辐射方向性增强。

选取平面三角形对称振子天线振子张角为 35°，侧边长为 30 mm，底边间距为 3 mm，激励信号频率分别为 1 GHz、3 GHz、5 GHz 和 8 GHz 时平面三角形对称振子天线辐射方向图如图 6.13 所示。

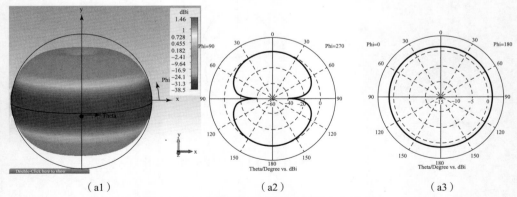

（a1） （a2） （a3）

图 6.13 底边间距 3 mm 天线辐射方向图

（a1） 1 GHz 方向图；（a2） 1 GHz E 面方向图；（a3） 1 GHz H 面方向图

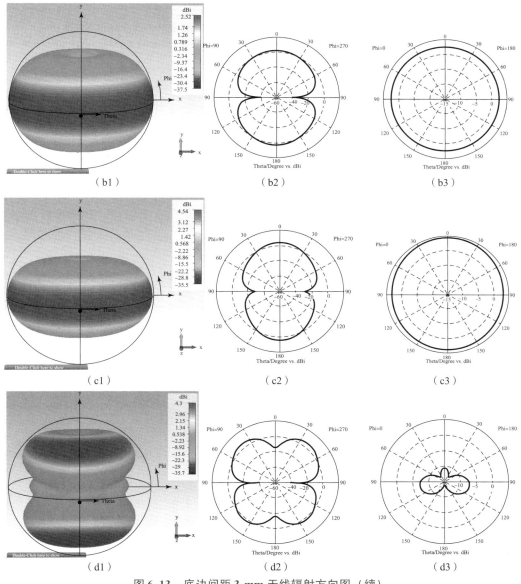

图 6. 13　底边间距 3 mm 天线辐射方向图（续）

（b1）3 GHz 方向图；（b2）3 GHz E 面方向图；（b3）3 GHz H 面方向图；
（c1）5 GHz 方向图；（c2）5 GHz E 面方向图；（c3）5 GHz H 面方向图；
（d1）8 GHz 方向图；（d2）8 GHz E 面方向图；（d3）8 GHz H 面方向图

图 6.13 所示底边间距 3 mm 的平面三角形对称振子天线辐射方向主要集中在 z 轴方向，即垂直于天线平面方向，对于频率 8 GHz 的激励信号，底边间距 3 mm 的天线在 z 轴方向辐射减弱。图 6.13（a3）~（c3）所示底边间距 3 mm 的天线是 H 面全向天线，激励信号频率增加，天线 H 面方向性系数增大。

底边间距 3 mm 的平面三角形对称振子天线增益和 E 面半功率波束宽度见表 6.10。

表 6.10　底边间距 3 mm 的平面三角形对称振子天线增益和 E 面半功率波束宽度

激励信号频率/GHz	1	3	5	8
半功率波束宽度/(°)	88.3	73.8	49.8	38.1
增益/dB	1.44	2.52	4.53	4.3

表 6.10 中激励信号频率从 1 GHz 增大到 8 GHz，天线半功率波束宽度减小，天线 E 面辐射方向性增强，天线增益增大到 4.54 dB 后开始减小。

选取平面三角形对称振子天线振子张角为 35°，侧边长为 30 mm，底边间距为 4 mm，激励信号频率分别为 1 GHz、3 GHz、5 GHz 和 8 GHz 时平面三角形对称振子天线辐射方向图如图 6.14 所示。

图 6.14 所示底边间距 4 mm 的平面三角形对称振子天线辐射方向主要集中在 z 轴方向，即垂直于天线平面方向，对于频率 8 GHz 的激励信号，底边间距 4 mm 的天线在 z 轴方向辐射减弱。图 6.14（a3）~（c3）所示底边间距 4 mm 的天线是 H 面全向天线，激励信号频率增加，天线 H 面方向性系数增大。

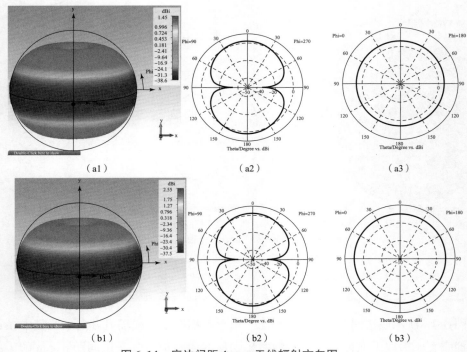

图 6.14　底边间距 4 mm 天线辐射方向图

（a1）1 GHz 方向图；（a2）1 GHz E 面方向图；（a3）1 GHz H 面方向图；
（b1）3 GHz 方向图；（b2）3 GHz E 面方向图；（b3）3 GHz H 面方向图

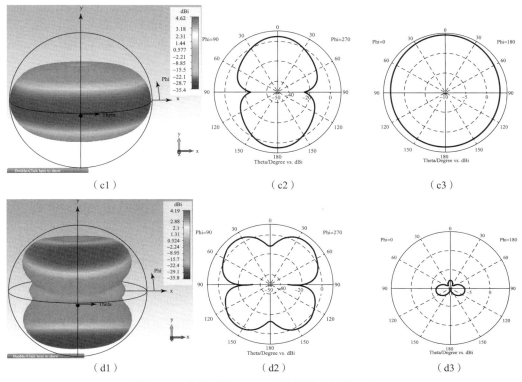

（c1）　　　　　　　　　　　（c2）　　　　　　　　　　　（c3）

（d1）　　　　　　　　　　　（d2）　　　　　　　　　　　（d3）

图 6.14　底边间距 4 mm 天线辐射方向图（续）

（c1）5 GHz 方向图；（c2）5 GHz E 面方向图；（c3）5 GHz H 面方向图；

（d1）8 GHz 方向图；（d2）8 GHz E 面方向图；（d3）8 GHz H 面方向图

底边间距 4 mm 的平面三角形对称振子天线增益和 E 面半功率波束宽度见表 6.11。

表 6.11　底边间距 4 mm 的平面三角形对称振子天线增益和 E 面半功率波束宽度

激励信号频率/GHz	1	3	5	8
半功率波束宽度/(°)	88.3	73.2	48.9	37.9
增益/dB	1.43	2.55	4.61	4.2

表 6.11 中激励信号频率从 1 GHz 增大到 8 GHz，天线半功率波束宽度减小，天线 E 面辐射方向性增强，天线增益增大到 4.62 dB 后开始减小。

6.4.3　窄脉冲信号激励时平面三角形对称振子天线辐射特性

以窄脉冲信号作为平面三角形对称振子天线激励信号，改变激励脉冲宽度对天线辐射特性进行研究。脉冲宽度分别为 100 ps、200 ps 和 300 ps 的激励信号频谱如图

6.15 所示。

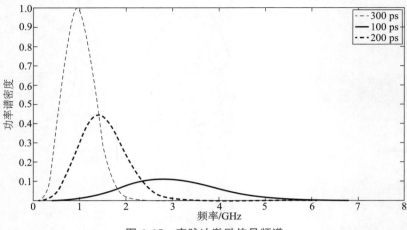

图 6.15　窄脉冲激励信号频谱

由图 6.15 可以看出，窄脉冲激励信号宽度不同其频谱对应频率范围也不同，对于宽度不同的窄脉冲激励信号选择不同频率范围研究平面三角形对称振子天线辐射特性。

选取平面三角形对称振子天线侧边长为 30 mm，底边间距为 2 mm，振子张角为 35°，激励脉冲宽度为 100 ps，在频率分别为 1 GHz、3 GHz、5 GHz 和 8 GHz 处平面三角形对称振子天线辐射方向图如图 6.16 所示。

图 6.16 所示激励脉冲宽度为 100 ps 的平面三角形对称振子天线辐射方向主要集中在 z 轴方向，即垂直于天线平面方向。图 6.16（a3）～（c3）所示激励脉冲宽度为 100 ps 的天线是 H 面全向天线，信号频率增加，天线 H 面方向性系数增大。天线在频率为 8 GHz 的 H 面方向图呈现不规则形状。

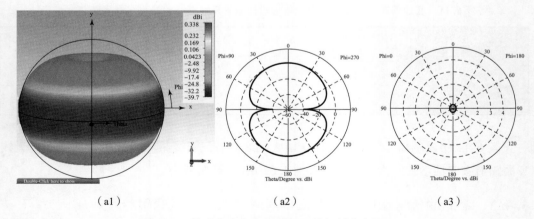

（a1）　　　　　　　　　（a2）　　　　　　　　　（a3）

图 6.16　激励脉冲宽度 100 ps 天线辐射方向图

（a1）1 GHz 方向图；（a2）1 GHz E 面方向图；（a3）1 GHz H 面方向图

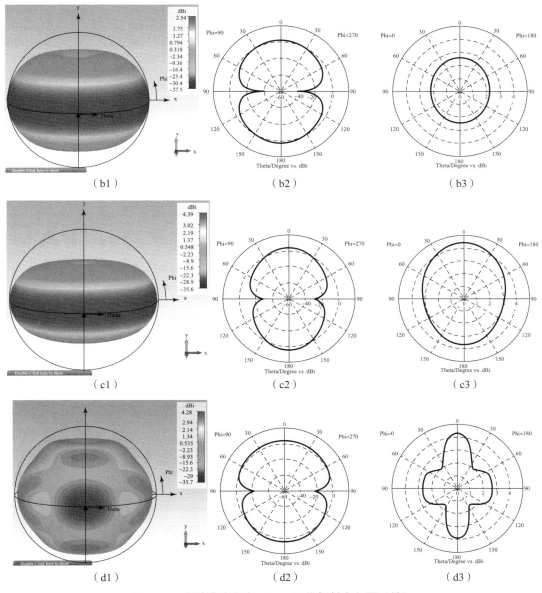

图 6.16　激励脉冲宽度 100 ps 天线辐射方向图（续）

（b1）3 GHz 方向图；（b2）3 GHz E 面方向图；（b3）3 GHz H 面方向图；

（c1）5 GHz 方向图；（c2）5 GHz E 面方向图；（c3）5 GHz H 面方向图；

（d1）8 GHz 方向图；（d2）8 GHz E 面方向图；（d3）8 GHz H 面方向图

激励脉冲宽度为 100 ps 的平面三角形对称振子天线增益和 E 面半功率波束宽度见表 6.12。

表 6.12　激励脉冲宽度为 100 ps 的平面三角形对称振子天线增益和 E 面半功率波束宽度

激励信号频率/GHz	1	3	5	8
半功率波束宽度/(°)	88.5	74.2	50.4	118.5
增益/dB	-4.95	2.53	4.38	6.26

表 6.12 中频率从 1 GHz 增大到 5 GHz，天线半功率波束宽度减小，增益增大，天线 E 面辐射方向性增强。频率为 8 GHz 处天线方向图呈现不规则形状，E 面半功率波束宽度为 118.5°。

选取平面三角形对称振子天线侧边长为 30 mm，底边间距为 2 mm，振子张角为 35°，激励脉冲宽度为 200 ps，在频率分别为 1.5 GHz、2.5 GHz 和 3.5 GHz 处平面三角形对称振子天线辐射方向图如图 6.17 所示。

图 6.17 所示激励脉冲宽度为 200 ps 的平面三角形对称振子天线辐射方向主要集中在 z 轴方向，即垂直于天线平面方向。图 6.17（a3）~（c3）所示激励脉冲宽度为 200 ps 的天线是 H 面全向天线，信号频率增加，天线 H 面方向性系数增大，且沿 z 轴方向方向性系数增大显著。

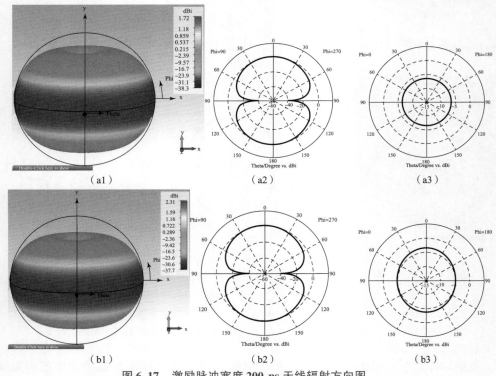

图 6.17　激励脉冲宽度 200 ps 天线辐射方向图

（a1）1.5 GHz 方向图；（a2）1.5 GHz E 面方向图；（a3）1.5 GHz H 面方向图；
（b1）2.5 GHz 方向图；（b2）2.5 GHz E 面方向图；（b3）2.5 GHz H 面方向图

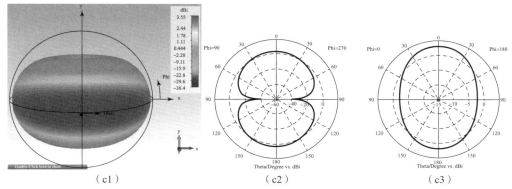

（c1）

（c2）

（c3）

图 6.17　激励脉冲宽度 200 ps 天线辐射方向图（续）

（c1）3.5 GHz 方向图；（c2）3.5 GHz E 面方向图；（c3）3.5 GHz H 面方向图

激励脉冲宽度为 200 ps 的平面三角形对称振子天线增益和 E 面半功率波束宽度见表 6.13。

表 6.13　激励脉冲宽度为 200 ps 的平面三角形对称振子天线增益和 E 面半功率波束宽度

激励信号频率/GHz	1.5	2.5	3.5
半功率波束宽度/(°)	86.3	79.1	67.6
增益/dB	1.72	2.80	6.03

表 6.13 中频率从 1.5 GHz 增大到 3.5 GHz，天线半功率波束宽度减小，增益增大，天线 E 面辐射方向性增强。

选取平面三角形对称振子天线侧边长为 30 mm，底边间距为 2 mm，振子张角为 35°，激励脉冲宽度为 300 ps，在频率分别为 1 GHz 、1.5 GHz、2 GHz 和 2.5 GHz 处平面三角形对称振子天线辐射方向图如图 6.18 所示。

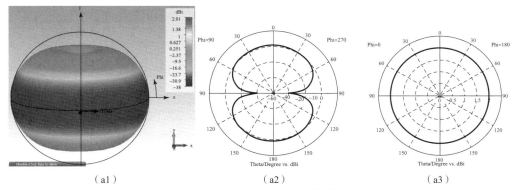

（a1）

（a2）

（a3）

图 6.18　激励脉冲宽度 300 ps 天线辐射方向图

（a1）1 GHz 方向图；（a2）1 GHz E 面方向图；（a3）1 GHz H 面方向图

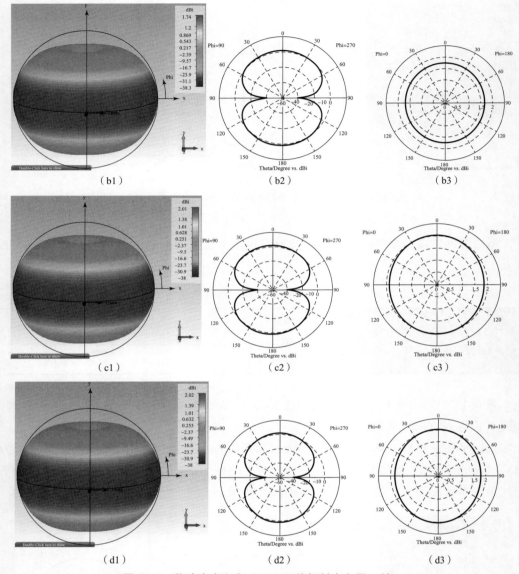

图 6.18 激励脉冲宽度 300 ps 天线辐射方向图（续）

（b1）1.5 GHz 方向图；（b2）1.5 GHz E 面方向图；（b3）1.5 GHz H 面方向图；

（c1）2 GHz 方向图；（c2）2 GHz E 面方向图；（c3）2 GHz H 面方向图；

（d1）2.5 GHz 方向图；（d2）2.5 GHz E 面方向图；（d3）2.5 GHz H 面方向图

图 6.18 所示激励脉冲宽度为 300 ps 的平面三角形对称振子天线辐射方向主要集中在 z 轴方向，即垂直于天线平面方向。图 6.18（a3）~（d3）所示激励脉冲宽度为 300 ps 的天线是 H 面全向天线。

激励脉冲宽度为 300 ps 的平面三角形对称振子天线增益和 E 面半功率波束宽度见

表 6.14。

表 6.14　激励脉冲宽度为 300 ps 的平面三角形对称振子天线增益和 E 面半功率波束宽度

激励信号频率/GHz	1	1.5	2	2.5
半功率波束宽度/(°)	88.4	86.4	83.4	78.8
增益/dB	4.32	1.36	2.21	3.06

表 6.14 中频率为 1 GHz 处天线增益最大，频率为 2.5 GHz 处天线半功率波束宽度最小，E 面辐射方向性最强。

6.4.4　平面三角形对称振子天线辐射信号时域特性研究

超宽带无线电引信的平面三角形对称振子天线激励信号为窄脉冲信号，天线辐射信号表示为

$$s_A(t,\theta,b,d) = p(t) \cdot h_t(t,\theta,b,d) \tag{6.12}$$

式中：$p(t)$ 为天线激励脉冲信号；$h_t(t,\theta,b,d)$ 为平面三角形对称振子天线单位冲激响应；θ 为天线振子张角；b 为天线底边长；d 为天线底边间距。

平面三角形对称振子天线激励信号和辐射信号如图 6.19 所示。

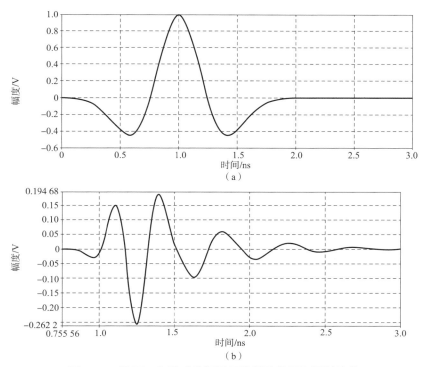

图 6.19　平面三角形对称振子天线激励信号和辐射信号

（a）激励信号；（b）辐射信号

图 6.19 所示平面三角形对称振子天线激励脉冲信号经过天线辐射产生色散现象，天线辐射信号在时域中表现出展宽和拖尾，激励脉冲信号能量在时域上得到扩散使信号幅度减小。超宽带无线电引信通过设定幅度阈值对接收信号进行检测，提高引信天线辐射信号幅度，使引信漏警概率减小。研究平面三角形对称振子天线张角、底边长和底边间距对天线辐射信号时域特征的影响，通过仿真激励脉冲宽度不同的不同尺寸平面三角形对称振子天线辐射信号，得到幅值大、展宽和拖尾小的天线辐射信号。

采用不同宽度脉冲信号激励平面三角形对称振子天线，研究平面三角形对称振子天线时域响应特性。

天线激励脉冲信号宽度分别为 100 ps、200 ps 和 300 ps，改变天线振子张角、边长和底边间距对天线辐射信号进行研究。选取天线侧边长为 30 mm，底边间距为 2 mm，振子张角分别为 15°、25°、35°和 45°，平面三角形对称振子不同张角天线辐射信号如图 6.20 所示。

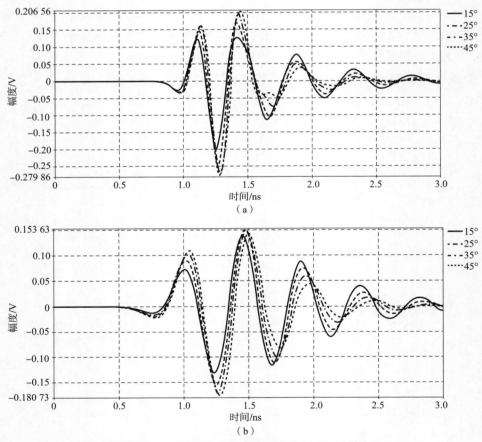

图 6.20　平面三角形对称振子不同张角天线辐射信号

(a) 激励脉宽 100 ps；(b) 激励脉宽 200 ps

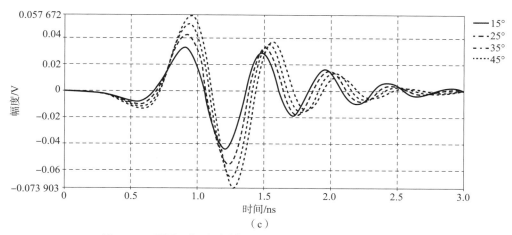

图 6.20　平面三角形对称振子不同张角天线辐射信号（续）

（c）激励脉宽 300 ps

图 6.20 所示平面三角形对称振子天线张角增大，天线辐射信号幅度增大，振荡和拖尾程度减弱，张角大于 35°小于 45°时天线辐射信号幅度基本不变。

天线激励脉冲信号宽度分别为 100 ps、200 ps 和 300 ps，选取天线张角为 35°，底边间距为 2 mm，侧边长分别为 15 mm、20 mm、25 mm 和 30 mm，平面三角形对称振子不同边长天线辐射信号如图 6.21 所示。

图 6.21 所示平面三角形对称振子天线边长增大，天线辐射信号幅度增大，天线辐射信号展宽程度增强。

天线激励脉冲信号宽度分别为 100 ps、200 ps 和 300 ps，选取天线张角为 35°，侧边长为 30 mm，底边间距分别为 1 mm、2 mm、3 mm 和 4 mm，平面三角形对称振子不同底边间距天线辐射信号如图 6.22 所示。

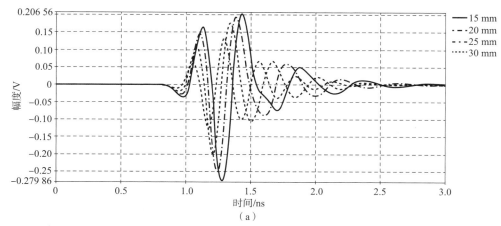

图 6.21　平面三角形对称振子不同边长天线辐射信号

（a）激励脉宽 100 ps

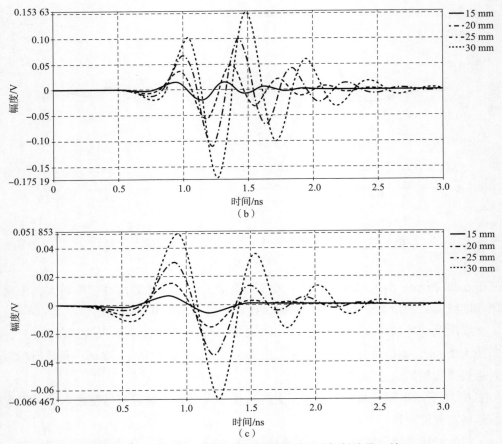

图 6.21　平面三角形对称振子不同边长天线辐射信号（续）

（b）激励脉宽 200 ps；（c）激励脉宽 300 ps

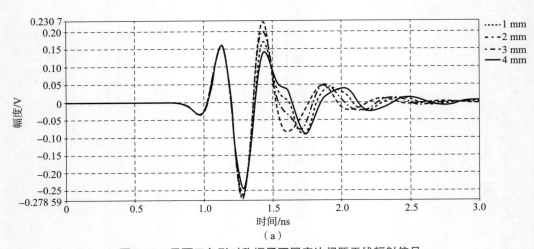

图 6.22　平面三角形对称振子不同底边间距天线辐射信号

（a）激励脉宽 100 ps

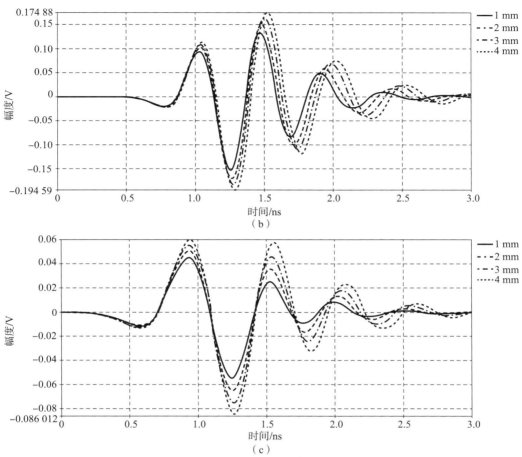

图 6.22　平面三角形对称振子不同底边间距天线辐射信号（续）

（b）激励脉宽 200 ps；（c）激励脉宽 300 ps

　　图 6.22 所示天线激励脉冲宽度为 100 ps 时，底边间距增大，天线辐射信号幅度减小；天线激励脉冲宽度为 200 ps 和 300 ps 时，底边间距增大，天线辐射信号幅度增大，因此需要根据激励脉冲宽度调整平面三角形对称振子天线底边间距。

第7章 超宽带引信测试

7.1 超宽带引信测试原理

7.1.1 超宽带无线电引信测试系统组成及工作原理

根据超宽带无线电引信工作原理、超宽带无线电引信地面目标回波信号及引信接收机相关输出信号特点，超宽带无线电引信测试系统组成框图如图7.1所示。

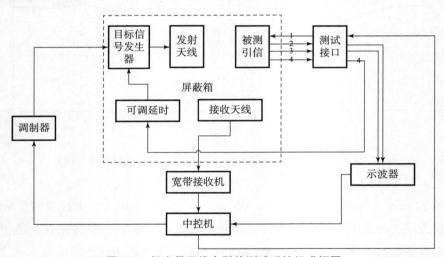

图 7.1 超宽带无线电引信测试系统组成框图

在图7.1中，被测引信与测试接口相连的四条线分别为：1——引信电源，2——引信检波信号，3——引信启动信号，4——被测引信同步信号。

超宽带无线电引信测试系统的工作过程：被测引信与测试接口连接，中控机控制被测引信供电，被测引信工作；接收天线接收被测引信发射信号，通过宽带接收机测试引信发射信号幅度和宽度等参数；中控机根据引信发射信号参数、交会条件和预定炸高，解算调制参数和延迟时间；回波信号发生器根据调制参数产生回波信号，根据被测引信的同步信号和延迟时间控制回波信号发生器的输出，并经发射天线辐射出去；

被测引信检波信号和启动信号接示波器，测试启动信号相对检波信号的位置，再根据引信总的收发延迟时间计算引信实际炸高。

根据第 2 章中推导的超宽带无线电引信回波信号公式产生超宽带无线电引信回波信号，为便于区分，产生的超宽带无线电引信测试回波信号用 $y_t(t)$ 表示，产生的脉冲序列用 $s_t(t)$ 表示：

$$y_t(t) = s(t) \cdot h_t(t,\theta,\phi) \cdot h_g(t,\theta,\phi) \tag{7.1}$$

$$y_t(t - \tau_1 - \tau_2) = s_t(t - \tau_1 - \tau_2) \cdot h_t(t,\theta,\phi) \cdot h_g(t,\theta,\phi)$$

$$= p_t(t) \cdot \sum_{k=-\infty}^{\infty} \delta(t - kT - b_k\varepsilon - \tau_1 - \tau_2) \cdot h_t(t,\theta,\phi) \cdot h_g(t,\theta,\phi)$$

$$\tag{7.2}$$

式中：τ_1 为固定延时，包括传输线延时、器件响应延时、收发天线距离延时等；τ_2 为可调延时，通过调整延时时间使目标回波信号与引信接收机取样信号同步。

接收机输入信号为

$$u_t(t) = y_t(t - \tau_1 - \tau_2) \cdot h_r(t,\theta,\phi) \tag{7.3}$$

接收机相关输出为

$$\begin{aligned}
R_t(t) &= \int_{-\infty}^{+\infty} s_d\left(\tau - \frac{2H}{c}\right) \cdot u_t(\tau - t)\mathrm{d}\tau \\
&= \int_{-\infty}^{+\infty} s_d\left(\tau - \frac{2H}{c}\right) \cdot u_t(\tau - \tau_1 - \tau_2)\mathrm{d}\tau \\
&= \int_{-\infty}^{+\infty} p(t) \cdot \sum_{k=-\infty}^{\infty} \delta(\tau - kT - b_k\varepsilon - \tau_1 - \tau_2) \cdot \\
&\quad h_t(t,\theta,\phi) \cdot h_g(t,\theta,\phi) \cdot p(t) \cdot \sum_{k=-\infty}^{\infty} \delta\left(\tau - kT - b_k\varepsilon - \frac{2H}{c}\right)\mathrm{d}\tau \\
&= \int_{-\infty}^{+\infty} p(t) \cdot \sum_{k=-\infty}^{\infty} \delta(\tau - kT - b_k\varepsilon - \tau_1 - \tau_2) \cdot \sum_{k=-\infty}^{\infty} \delta\left(\tau - kT - b_k\varepsilon - \frac{2H}{c}\right)\mathrm{d}\tau \cdot \\
&\quad h_t(t,\theta,\varphi) \cdot h_g(t,\theta,\varphi) \cdot p(t) \\
&= \int_{-\infty}^{+\infty} p(t) \cdot \sum_{k=-\infty}^{\infty} \delta\left(\frac{2H}{c} - \tau_1 - \tau_2\right) \cdot h_{\mathrm{tp,I}}(t,\theta,\phi) \cdot h_1(t,\theta,\phi) \cdot p(t)\mathrm{d}\tau \quad (7.4)
\end{aligned}$$

因

$$\delta\left(\frac{2H}{c} - \tau_1 - \tau_2\right) = \begin{cases} 1, H = \tau_1 + \tau_2 \\ 0, H \neq \tau_1 + \tau_2 \end{cases} \tag{7.5}$$

当 $\dfrac{2H}{c} = \tau_1 + \tau_2$ 时，目标回波信号与取样信号同步，相关输出最大。这时，可以将产生的目标回波信号加载到引信上。通过 $\tau_1 + \tau_2$ 及起爆脉冲位置可以反推出实际炸高。

7.1.2 超宽带无线电引信测试系统关键技术

根据超宽带无线电引信及测试系统的工作原理，超宽带无线电引信测试系统的关键技术主要有超宽带无线电引信回波信号建模、超宽带无线电引信回波信号产生和超宽带无线电引信动态加载。

1. 超宽带无线电引信回波信号建模

超宽带无线电引信回波信号表达式为

$$y_r(t) = s(t) \cdot h_t(t, \theta, \phi) \cdot \delta\left(t - \frac{R}{c}\right) \cdot h_g(t, \theta, \phi) \cdot \delta\left(t - \frac{R}{c}\right) \tag{7.6}$$

式中超宽带引信天线单位冲激响应 $h_t(t, \theta, \phi)$ 和地面单位冲激响应 $h_g(t, \theta, \phi)$ 是未知的。其中 $h_t(t, \theta, \phi)$ 可以通过仿真软件求得，要想求出超宽带无线电引信回波信号，必须建立超宽带天线模型了解超宽带天线特性，以及建立超宽带无线电引信回波信号模型了解地面特性；$h_g(t, \theta, \phi)$ 可以反推求得。

在建立超宽带无线电模型的基础上才能研究超宽带无线电引信回波信号的产生。

2. 超宽带无线电引信回波信号产生

由超宽带无线电引信回波信号表达式，可得产生超宽带无线电引信回波信号方案一为设计超宽带天线，来代替超宽带无线电引信回波信号公式中的天线单位冲激响应和地面单位冲激响应，再与激励信号得到超宽带无线电引信回波信号。

产生超宽带无线电引信回波信号方案二为用超宽带引信天线代替天线，设计滤波器代替地面，再与激励信号得到超宽带无线电引信回波信号。

3. 超宽带无线电引信动态加载

将超宽带无线电引信回波信号动态加载到引信上需要解决两个问题：一是超宽带无线电引信模拟回波信号和引信接收机同步问题；二是基于超宽带无线电引信时域多普勒效应的动态加载，如图 7.2 所示。

从图 7.2 中可以看出，若想测试系统达到同步，要求超宽带无线电引信回波信号与接收机的取样门完全重合。

$T_d = \dfrac{2Tv_r}{c}$，当 $T = 200$ ns，$v_r = 150$ m/s 时，$T_d = 0.2$ ps。

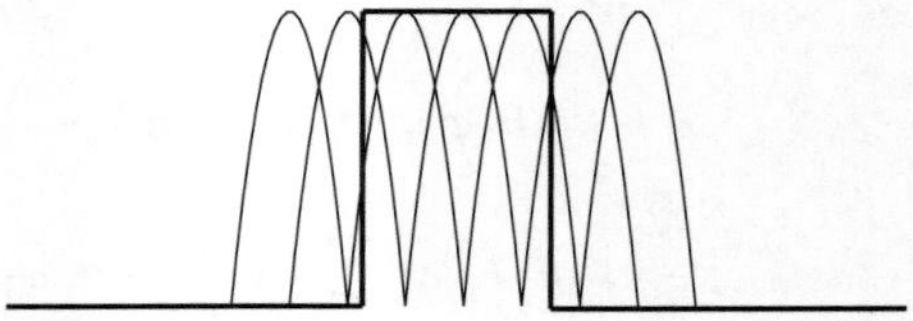

图 7.2 动态加载

由于引信目标回波信号脉冲宽度只有 200 ps 左右，占空比为 1/1 000，因此，同步搜索步长应远小于 200 ps，但又不能过小，步长过小，搜索时间过长，效率变低。

7.2　超宽带无线电引信回波信号产生技术

本章主要是在前面研究工作的基础上，研究超宽带无线电引信回波信号产生技术。根据超宽带无线电引信回波信号表达式，主要研究两种引信回波信号产生方法。

从第 2 章推导的超宽带无线电引信回波信号公式可得

$$y_{\mathrm{r}}(t) = s(t) \cdot h_{\mathrm{t}}(t,\theta,\phi) \cdot h_{\mathrm{g}}(t,\theta,\phi) \tag{7.7}$$

式中：$h_{\mathrm{t}}(t,\theta,\phi)$ 为引信天线单位冲激响应；$h_{\mathrm{g}}(t,\theta,\phi)$ 为滤波器单位冲激响应。

产生方案一：

由式（7.1）有

$$y_{\mathrm{r}}(t) = s(t) \cdot h_{\mathrm{t}}(t,\theta,\phi) \cdot h_{\mathrm{g}}(t,\theta,\phi) = s(t) \cdot h_{1}(t,\theta,\phi) \tag{7.8}$$

式中：$h_{1}(t,\theta,\phi) = h_{\mathrm{t}}(t,\theta,\phi) \cdot h_{\mathrm{g}}(t,\theta,\phi)$，$h_{1}(t,\theta,\phi)$ 为超宽带天线单位冲激响应。即设计超宽带天线来代替超宽带无线电引信回波信号公式中的天线单位冲激响应和地面单位冲激响应，再与激励信号得到超宽带无线电引信回波信号，如图 7.3 所示。

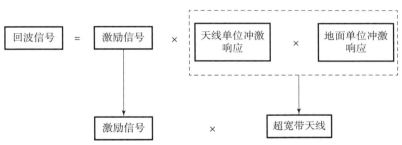

图 7.3　回波信号产生方案一框图

产生方案二：

由式（7.1）有

$$y_{\mathrm{r}}(t) = s(t) \cdot h_{\mathrm{t}}(t,\theta,\phi) \cdot h_{\mathrm{g}}(t,\theta,\phi) = s(t) \cdot h_{2}(t,\theta,\phi) \cdot h_{3}(t,\theta,\phi) \tag{7.9}$$

式中：$h_{2}(t,\theta,\phi)$ 为引信天线单位冲激响应；$h_{3}(t,\theta,\phi)$ 为滤波器单位冲激响应。即用超宽带引信天线来代替天线单位冲激响应，设计滤波器代替地面单位冲激响应，再与激励信号得到超宽带无线电引信回波信号，如图 7.4 所示。

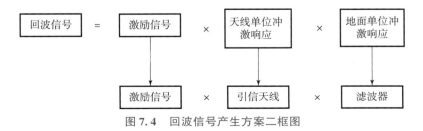

图 7.4　回波信号产生方案二框图

7.2.1 基于超宽带天线的引信回波信号产生

从式（7.8）可以看出，要想产生超宽带无线电引信回波信号，需要产生一个窄脉冲信号及设计一个超宽带天线。在分析了窄脉冲的产生方法的基础上，下面需要设计一个超宽带天线。

1. 超宽带天线设计

目前国内外广泛使用的超宽带天线为双锥天线，模型如图 7.5 和图 7.6 所示。由于受到引信体积的制约，在双锥天线的基础上加以改进设计了三角形对称振子天线。三角形对称振子天线的边长 l 无法进一步增加，所以只能通过改变三角形对称振子天线的馈电点以及张角 $2\theta_0$ 来取得最大的天线辐射信号。

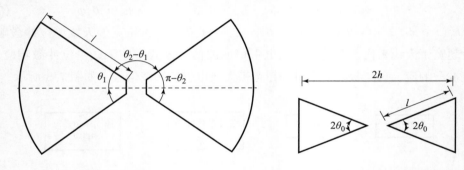

图 7.5　双锥天线　　　　　　　图 7.6　三角形对称振子天线

目前国内外对于三角形对称振子天线未见现成的理论和计算天线特性阻抗、输入阻抗等公式可以借鉴，而双锥天线与三角形对称振子天线极为相似，可以使用双锥天线模型对其进行初步设计与分析。

其中 l 为锥体的长度，左锥体的半锥角为 θ_1，右锥体的半锥角为 $\pi-\theta_2$，双锥天线的特性阻抗 Z_c 为

$$Z_c = \frac{\eta_0}{\pi}\left[\ln\left(\tan\frac{\theta_2}{2}\right) - \ln\left(\tan\frac{\theta_1}{2}\right)\right] \tag{7.10}$$

式中：η_0 为波阻抗。

根据式（7.2）可知

$$y_r(t) = s(t) \cdot h_t(t,\theta,\phi) \cdot h_g(t,\theta,\phi) = s(t) \cdot h_1(t,\theta,\phi) \tag{7.11}$$

在第 2 章中已经推导了超宽带无线电引信回波信号的表达式，经过傅里叶变换即可得到频域中超宽带天线的带宽：

$$H_1(j\omega) = \frac{Y_r(j\omega)}{S(j\omega)} \tag{7.12}$$

窄脉冲为第 3 章中的高斯二阶导数。

使用 Matlab 仿真计算得到如图 7.7 和图 7.8 所示的频谱。

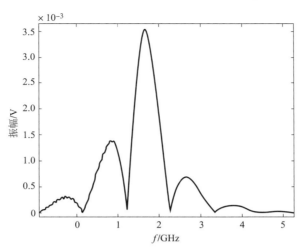

图 7.7　超宽带无线电引信回波信号频谱

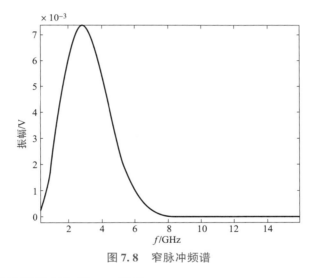

图 7.8　窄脉冲频谱

可求得超宽带天线带宽如图 7.9 所示。

通过图 7.9 可得天线带宽的频率范围为 1.7 ~ 2.1 GHz。

2. 变馈电点三角形对称振子天线设计

三角形对称振子天线模型如图 7.10 所示，超宽带引信系统中由接收天线和发射天线组成。因此将两个三角形对称振子天线放在一起，受到天线体积大小的制约，介质板介电常数为 2.65，图中三角形对称振子天线馈电点在三角形的尖端，为了找出天线最佳馈电点对改变馈电点的位置进行分析。

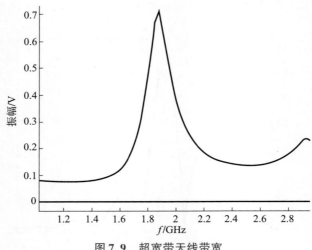

图 7.9　超宽带天线带宽

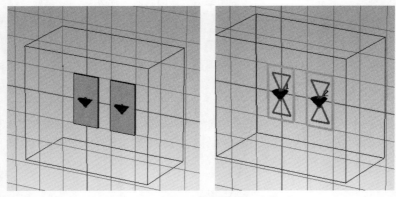

图 7.10　三角形对称振子天线模型

为找寻三角形对称振子天线的最佳馈电点，将三角形馈电点分别设于三角形对称振子天线尖端、中部以及最上部，分析其驻波比曲线、天线增益和天线辐射信号。

1）不同馈电点超宽带天线驻波比曲线分析

绝对带宽的定义式为

$$\Delta f = f_{\mathrm{h}} - f_{\mathrm{l}} \tag{7.13}$$

式中：f_{h} 为高端频率；f_{l} 为低端频率。

相对带宽通常指系统中绝对带宽与中频之比，即

$$\mathrm{BW}_1 = \frac{f_{\mathrm{h}} - f_{\mathrm{l}}}{f_0} = 2\frac{f_{\mathrm{h}} - f_{\mathrm{l}}}{f_{\mathrm{h}} + f_{\mathrm{l}}} \tag{7.14}$$

式中：f_0 为中心频率。

使用 CST 仿真软件可得不同馈电点驻波比曲线如图 7.11 所示。

不同馈电点驻波比曲线分析见表 7.1。

由图 7.11 和表 7.1 可见，三角形对称振子天线的最佳馈电点为三角形的尖端。

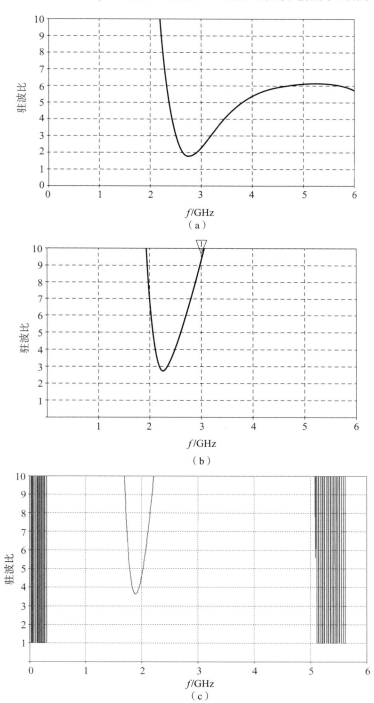

图 7.11　不同馈电点驻波比曲线

（a）馈电点在天线尖端；（b）馈电点在天线中间；（c）馈电点在天线最上部

表 7.1　不同馈电点驻波比曲线分析

馈电点	相对带宽（VSWR < 2）	频率范围（VSWR < 2）
尖端	9%	2.64 ~ 2.89 GHz
中部	无	无
最上部	无	无

2）不同馈电点天线增益分析

不同馈电点天线增益如图 7.12 所示。

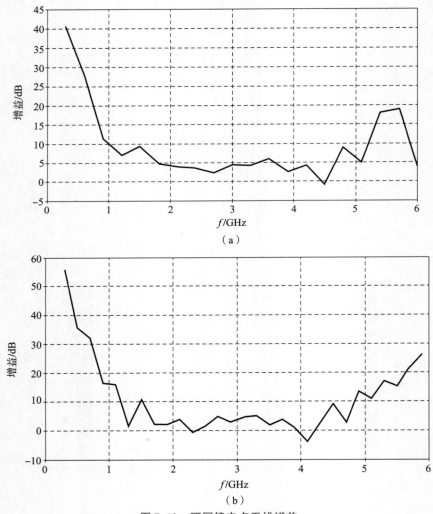

（a）

（b）

图 7.12　不同馈电点天线增益

（a）馈电点在天线尖端；（b）馈电点在天线中部

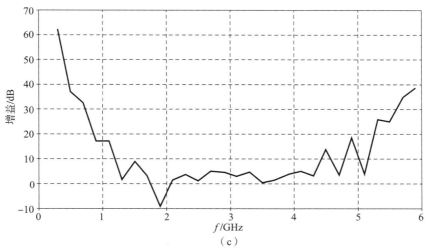

图 7.12　不同馈电点天线增益（续）

（c）馈电点在天线最上部

由图 7.12 所示天线增益曲线图可以看出，当馈电点在三角形尖端时天线增益曲线更加平缓，从天线增益曲线分析三角形对称振子天线的最佳馈电点为三角形的尖端。

3）不同馈电点天线辐射信号分析

不同馈电点天线辐射信号如图 7.13 所示。

由图 7.13 所示天线辐射信号曲线可以看出，当馈电点在三角形尖端时天线辐射信号的峰值最高，效果最佳。

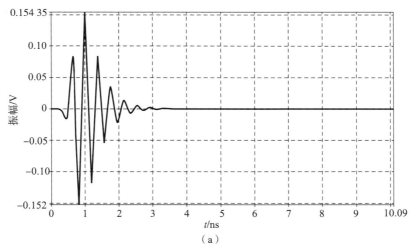

图 7.13　不同馈电点天线辐射信号

（a）馈电点在天线尖端

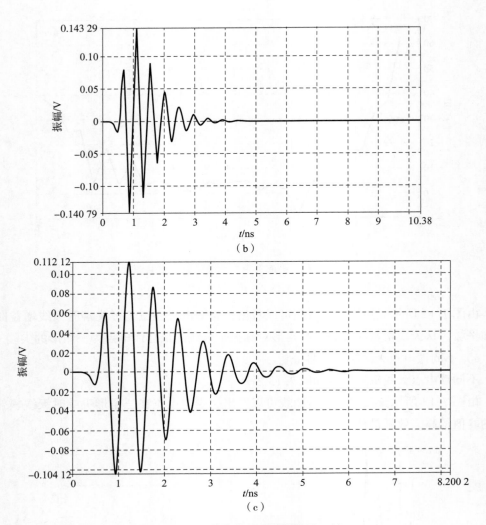

图 7.13　不同馈电点天线辐射信号（续）

（b）馈电点在天线中部；（c）馈电点在天线最上部

4）不同馈电点 S21 曲线分析

不同馈电点 S21 曲线如图 7.14 所示。

对比图 7.9 得不同馈电点曲线如图 7.15 所示。

图 7.15 中曲线 1 为天线带宽曲线，曲线 2 为馈电点在尖端，曲线 3 为馈电点在中间，曲线 4 为馈电点在最上部。由图中可以看出，最为接近天线冲激响应的曲线为馈电点在尖端曲线。

因此，结合驻波比曲线、天线增益曲线、天线辐射信号曲线及重点分析天线 S21 曲线可以得出三角形对称振子天线的最佳馈电点为三角形的尖端。

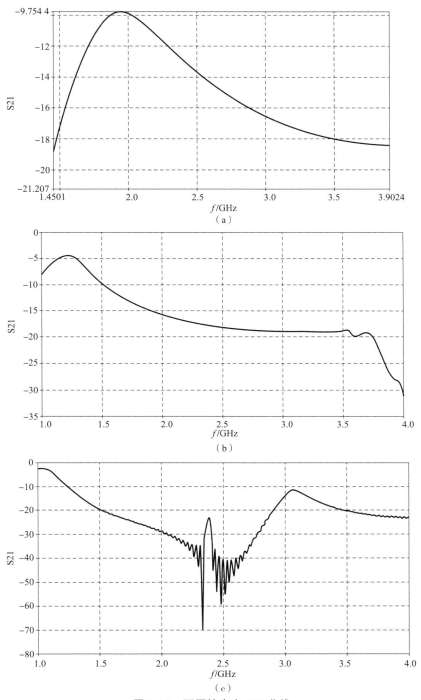

图 7.14　不同馈电点 S21 曲线

（a）馈电点在天线尖端；（b）馈电点在天线中部；（c）馈电点在天线最上部

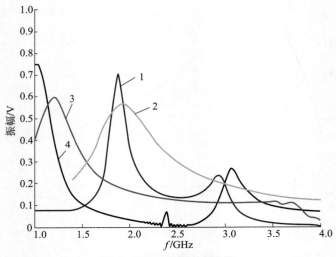

图 7.15 不同馈电点曲线

3. 变张角三角形对称振子天线设计

1) 改变天线张角对驻波比的影响

不同张角天线驻波比如图 7.16 和表 7.2 所示。

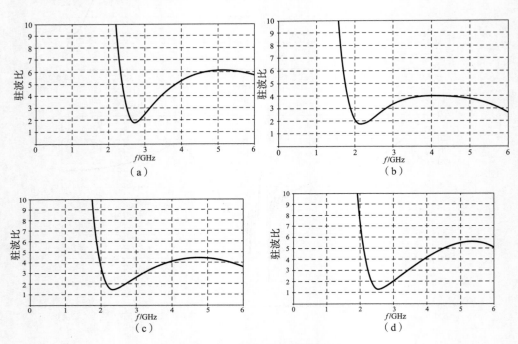

图 7.16 不同张角天线驻波比

（a）天线张角为 60°；（b）天线张角为 45°；

（c）天线张角为 30°；（d）天线张角为 22°

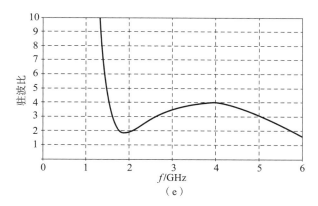

图 7.16　不同张角天线驻波比 （续）

（e）天线张角为 15°

表 7.2　不同张角天线驻波比

张角 $(2\theta_0)/(°)$	相对带宽(VSWR <2)/%	频率范围(VSWR <2)/GHz
60	9	2. 64 ~2. 89
45	15. 2	2 ~2. 33
30	19. 1	2. 17 ~2. 63
22	21	2. 34 ~2. 89
15	11. 6	1. 78 ~2

由图 7.16 以及表 7.2 中的数据可见，当天线的张角从 15°变到 60°时，驻波比曲线发生上移，相对带宽下降，工作频率改变，在 22°时，相对带宽最大。

2）改变张角对天线增益的影响

不同张角天线增益如图 7.17 所示。

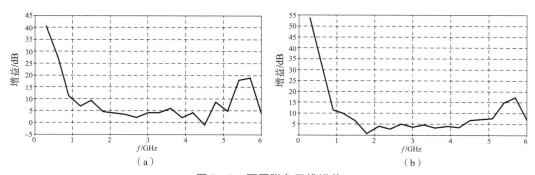

图 7.17　不同张角天线增益

（a）张角为 60°天线增益；（b）张角为 45°天线增益

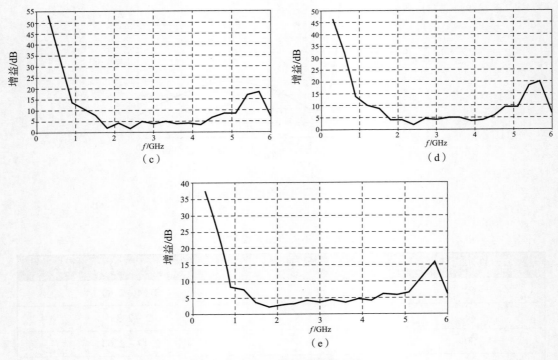

图 7.17　不同张角天线增益（续）

（c）张角为 30° 天线增益；（d）张角为 22° 天线增益；（e）张角为 15° 天线增益

由图 7.17 中可以看出，改变天线张角对天线增益影响不大。

3）改变张角对天线辐射信号影响

由图 7.18 可以看出，当天线张角从 60° 减小到 15° 时，天线辐射信号的峰值也相应随之减小。

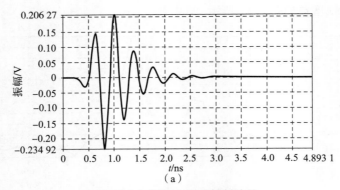

图 7.18　不同张角天线辐射信号

（a）张角为 60° 天线辐射信号

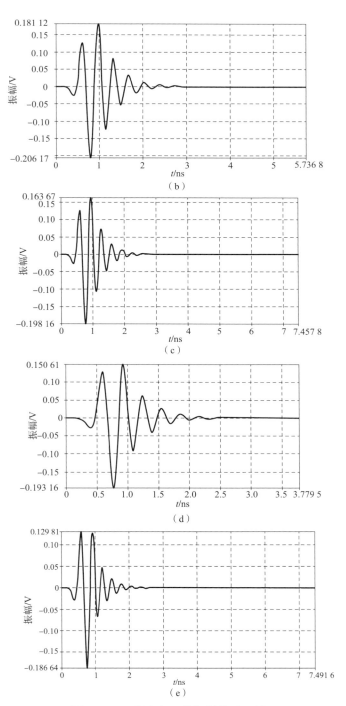

图 7.18　不同张角天线辐射信号（续）

（b）张角为 45°天线辐射信号；（c）张角为 30°天线辐射信号；

（d）张角为 22°天线辐射信号；（e）张角为 15°天线辐射信号

由图 7.17 天线增益图可以看出，改变天线张角对天线增益的影响并不明显，因此可以用驻波比曲线及天线增益曲线来研究天线频率响应，如图 7.19 所示。

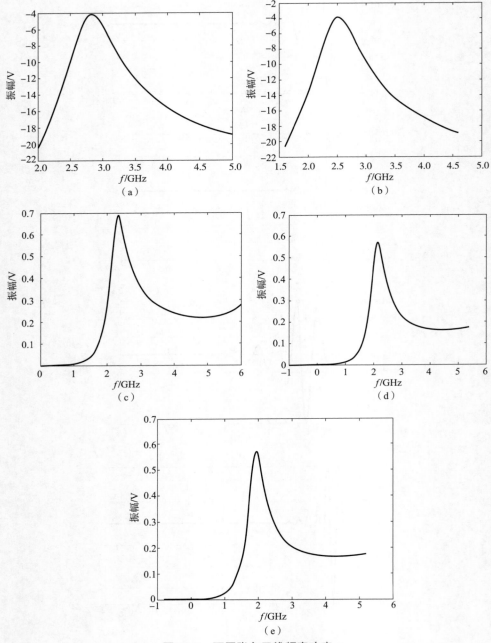

图 7.19　不同张角天线频率响应

（a）张角为 60°；（b）张角为 45°；（c）张角为 30°；（d）张角为 22°；（e）张角为 15°

不同张角与求得带宽对比图如图 7.20 所示。

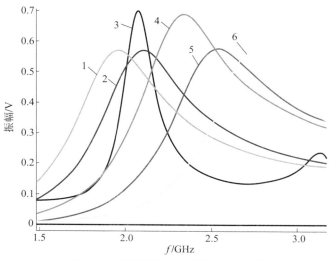

图 7.20　不同张角与求得带宽对比图

图 7.20 中，曲线 1 为 15°张角，曲线 2 为 22°张角，曲线 3 为天线带宽，曲线 4 为 30°张角，曲线 5 为 45°张角，曲线 6 为 60°张角，通过对比可以看出，满足超宽带天线频率响应的为 22°。

4. 超宽带天线尺寸选择

在前面的小节中，已经确定了三角形对称振子天线的最佳馈电点在天线的尖端，最佳张角为 22°，且决定天线的最主要参数为天线辐射信号的强度。三角形对称振子天线的尺寸应比前文中提到的超宽带无线电引信天线尺寸稍大。不同长度天线 S21 参数如图 7.21 所示。

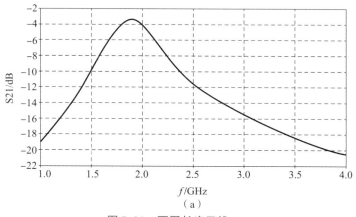

（a）

图 7.21　不同长度天线 S21

（a）长度 20 mm

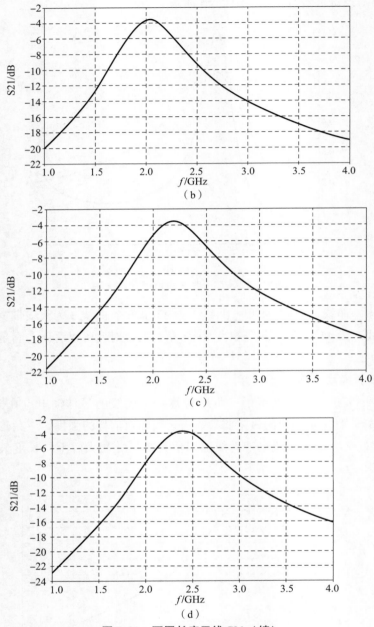

图 7.21 不同长度天线 S21（续）

（b）长度 22 mm；（c）长度 24 mm；（d）长度 26 mm

与天线带宽图 7.9 的对比如图 7.22 所示。

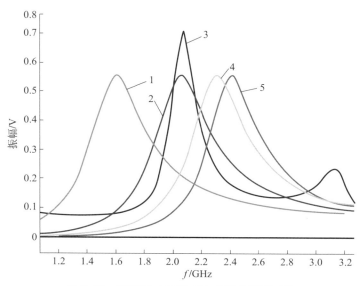

图 7.22　不同尺寸天线 **S21** 与天线带宽对比

在图 7.22 中，曲线 1 天线尺寸为 20 mm，曲线 2 为 22 mm，曲线 3 为天线带宽，曲线 4 为 24 mm，曲线 5 为 26 mm。

从图 7.22 可以看出，天线尺寸为 22 mm 时，最接近图 7.9 的天线带宽。

5. 实验验证

在确定了超宽带天线馈电点、张角和尺寸后，可以得到激励信号与超宽带天线产生的超宽带无线电引信回波信号实测波形，如图 7.23 所示。

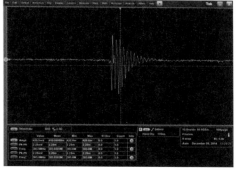

图 7.23　超宽带无线电引信回波信号实测波形

7.2.2　基于超宽带滤波的引信回波信号产生

1. 超宽带滤波器设计

1）超宽带滤波器带宽选择

通过式（7.1）可得

$$y_r(t) = s(t) \cdot h_t(t, \theta, \phi) \cdot h_g(t, \theta, \varphi) \tag{7.15}$$

反推可得

$$H_g(j\omega) = \frac{Y_r(j\omega)}{S(j\omega) \cdot h_t(j\omega)} \tag{7.16}$$

使用 Matlab 仿真计算可得超宽带无线电引信回波信号频谱 $Y_r(j\omega)$ 如图 7.24 所示，

窄脉冲频谱 $S(j\omega)$ 如图 7.25 所示，超宽带引信天线频谱 $h_t(j\omega)$ 如图 7.26 所示，滤波器带宽如图 7.27 所示。

通过图 7.27 可知滤波器通带范围为 2～2.6 GHz。

2）奇模和偶模激励

在微带低通滤波电路和微带带阻滤波电路中，一个共同的特点是滤波电路的输入和输出端总有导带直接相连。也就是说，低频信号（直流信号）将肯定可以通过滤波电路。这个特性可以满足低通滤波电路和带阻滤波电路的要求，但是不能满足带通滤波电路的要求。在带通滤波电路设计中，微带线将不允许直接相连，需要通过传输线间

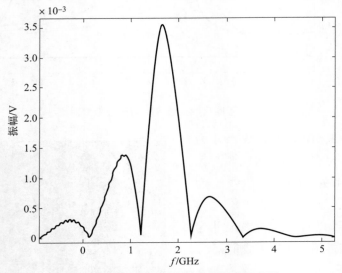

图 7.24　超宽带无线电引信回波信号频谱

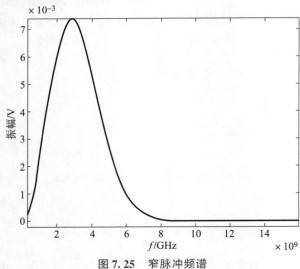

图 7.25　窄脉冲频谱

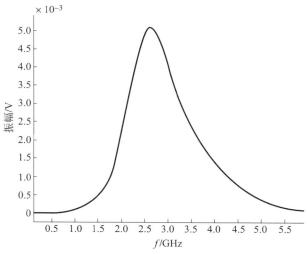

图 7. 26　超宽带引信天线频谱

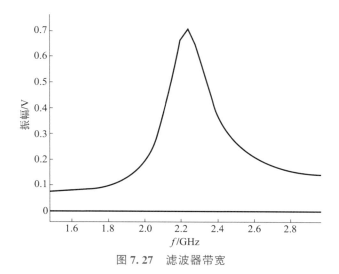

图 7. 27　滤波器带宽

耦合的方式让射频信号通过，从而可以阻断低频信号，因此，经常使用两条平行接近的微带线（称为耦合微带线）构成带通滤波电路。

首先建立耦合微带线的基本结构，包括两条互相平行靠近的微带线，如图 7.28 所示。介质基质的厚度为 d，相对介电常数为 ε_{r}，两条平行微带线的距离为 S，每条金属导带的宽度为 W，金属导带的厚度忽略不计。当两条微带线的距离 S 远大于基质厚度为 d 时，可以忽略微带线之间的耦合，单独作为两条微带线进行分析处理，每条微带线都有自己的特征阻抗。当两条微带线的距离 S 可以和基质厚度 d 相比时，两条微带线之间的耦合不能被忽略，一条微带线作为一个整体——耦合微带线，才能分析其工作特性。通常情况下，两条微带线参数是一致的，具有相同的金属导带宽度。在后面的分析中，将假定使用了对称双微带线的结构，以便于耦合微带线的分析和计算。

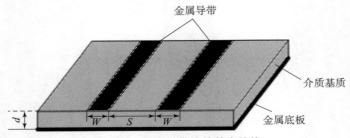

图 7.28　耦合微带线的基本结构

仿照对无耗传输线的分析，将每条微带线都等价为小段串联电感和小段并联电容的结构。与单独的微带线相比，需要增加考虑微带线之间的耦合，等效为节点之间的耦合电容和传输线之间的耦合电感。如图 7.29 所示，给出了长度为 Δz 的微带耦合线的等效电容。其中用下标 11 表示第一条微带线的参数，用下标 22 表示第二条微带线的参数，用下标 12 表示第一条微带线和第二条微带线之间的耦合参数。由于互易定理，可以得到第二条和第一条微带线之间的耦合参数与第一条和第二条微带线之间的耦合参数是一致的。例如，C_{11} 和 l_{11} 分别表示第一条微带线单位长度上的电容和电感，L_{12} 和 L_{12} 表示第一条和第二条微带线单位长度之间的耦合电容和耦合电感，并且有 $C_{12} = C_{21}$ 和 $L_{12} = L_{21}$。

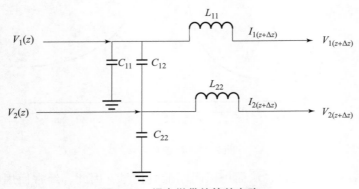

图 7.29　耦合微带的等效电路

传输线 1 上的总电压为 $V_1(z)$，总电流为 $I_1(z)$，传输线 2 上的总电压为 $V_2(z)$，总电流为 $I_2(z)$。当传输线 1 和传输线 2 上的电压与电流完全一致时，耦合微带线上出现偶模，满足条件 $V_{1E} = V_{2E} = V_E$ 和 $I_{1E} = I_{2E} = I_E$；当传输线 1 和传输线 2 上的电压与电流完全相反时，耦合微带线上出现奇模，满足条件 $V_{1O} = -V_{2O} = V_O$ 和 $I_{1O} = -I_{2O} = I_O$。对于任意电压 V_1、V_2 和电流 I_1、I_2 总可以描述为奇模电压和电流与偶模电压和电流的叠加。

$$V_1 = V_E + V_O \Big\} , \quad I_1 = I_E + I_O \Big\}$$
$$V_2 = V_E - V_O \Big\} , \quad I_2 = I_E - I_O \Big\} \tag{7.17}$$

式中：V_E 和 I_E 分别为奇模电压和电流。改写式（7.17）可以使用总电压 V_1 和 V_2 以及总电流 I_1、I_2 表示偶模和奇模电压 V_E、V_O 和电流 I_E、I_O

$$V_E = \frac{V_1 + V_2}{2} \Big\} , \quad I_E = \frac{I_1 + I_2}{2} \Big\}$$
$$V_O = \frac{V_1 - V_2}{2} \Big\} , \quad I_O = \frac{I_1 - I_2}{2} \Big\} \tag{7.18}$$

与构建传输线方程的方式相似，得到奇模、偶模的传输线方程。

奇模传输线方程为

$$-\frac{\mathrm{d}V_O}{\mathrm{d}z} = \mathrm{j}\omega(L_{11} - L_{12})I_O \Big\}$$
$$-\frac{\mathrm{d}I_O}{\mathrm{d}z} = \mathrm{j}\omega(C_{11} - C_{12})V_O \Big\} \tag{7.19}$$

偶模传输线方程为

$$-\frac{\mathrm{d}V_E}{\mathrm{d}z} = \mathrm{j}\omega(L_{11} + L_{12})I_E \Big\}$$
$$-\frac{\mathrm{d}I_E}{\mathrm{d}z} = \mathrm{j}\omega(C_{11} + C_{12})V_E \Big\} \tag{7.20}$$

根据式（7.18）和式（7.19）可以得到耦合微带线偶模特征阻抗 Z_E 和奇模的特征阻抗 Z_O：

$$\begin{cases} Z_E = \dfrac{1}{C_{E} v_{PE}} = \dfrac{1}{C_{11} v_{PE}} \\ Z_O = \dfrac{1}{C_{O} v_{PO}} = \dfrac{1}{(C_{11} + 2C_{12}) v_{PO}} \end{cases} \tag{7.21}$$

式中：v_{PO} 和 v_{PE} 分别为耦合微带中奇模和偶模的相速度；C_O 和 C_E 分别为奇模和偶模的单位长度等效电容。由于微带线之间的耦合电容 C_{12} 难以计算，通常需要对其电磁场进行分析，确定耦合电容 C_{12}。在工程设计上，可以根据已知参数直接查表获得耦合微带线的偶模特征阻抗 Z_E 和奇模特征阻抗 Z_O。针对图 7.30 中对称耦合微带线的结构，当介质的相对介电常数为 9.6 时，计算得到偶模的特征阻抗和奇模的特征阻抗。随着微带线之间距离 S 的增加，偶模阻

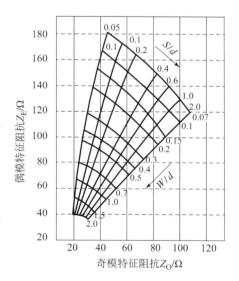

图 7.30　对称耦合微带线的
奇模和偶模特征阻抗

抗 Z_E 趋于下降，奇模阻抗 Z_0 趋于增加；随着微带线宽度 W 的增加，偶模阻抗迅速下降，奇模阻抗也趋于下降。不难理解，当微带线之间的距离 S 增加时，奇模阻抗会由于耦合电容 C_{12} 的减小而上升，偶模阻抗会由于耦合电感 L_{12} 的减小而下降；当微带线的宽度 W 增加时，奇模阻抗会由于耦合电容的增加而下降，偶模阻抗会由于 C_{11} 和 C_{22} 的增加而降低。

2. 带通滤波电路的实现

使用单个单元电路不能获得良好的频率特性，滤波电路的频率特性在从通带到阻带的过渡不够陡峭。可以采用级联单元电路的方法获得良好的频率特性，类似于在低通滤波电路中选用高阶滤波电路。通过级联单元电路可以获得性能良好的带通滤波电路，一个典型的 5 阶带通滤波电路，如图 7.31 所示。输入和输出端口连接微带线的特征阻抗为 Z_0；在带通滤波电路波分则使用了 6 个不同的单元电路，每个单元电路中耦合微带线的奇模和偶模阻抗分别表示为 Z_0 和 Z_E。

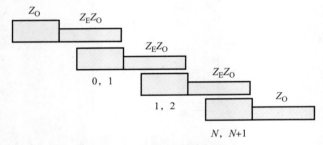

图 7.31 带通滤波电路

带通滤波电路的设计过程比较复杂，步骤如下：

（1）选择归一化低通滤波电路的原型。根据设计要求的带内波纹和带外衰减，选择巴特沃斯滤波电路或者适当阶数的切比雪夫滤波电路，求得经过归一化后的设计参数 g_1，g_2，$\cdots$，g_N，g_{N+1}。

（2）根据设计要求的截止频率 ω_H 和 ω_L，确定归一化的带宽 BW，其中心频率为 $\omega_0 = \dfrac{\omega_H + \omega_L}{2}$。

（3）使用归一化设计参数 g_1，g_2，$\cdots$，g_N，g_{N+1} 和归一化的带宽 BW 可以确定带通滤波电路中的设计参数

$$\left. \begin{aligned} J_{0,1} &= \frac{1}{Z_0}\sqrt{\frac{\pi\mathrm{BW}}{2g_0g_1}} \\ J_{i,i+1} &= \frac{1}{2Z_0}\frac{\pi\mathrm{BW}}{\sqrt{g_ig_{i+1}}} \\ J_{N,N+1} &= \frac{1}{Z_0}\sqrt{\frac{\pi\mathrm{BW}}{2g_Ng_{N+1}}} \end{aligned} \right\} \tag{7.22}$$

（4）根据式（7.22）求得的设计参数，确定奇模和偶模特征阻抗。

$$
\left.\begin{array}{l}
Z_0 \big|_{i,i+1} = Z_0 \left[1 - Z_0 J_{i,i+1} + (Z_0 J_{i,i+1})^2 \right] \\
Z_E \big|_{i,i+1} = Z_0 \left[1 + Z_0 J_{i,i+1} + (Z_0 J_{i,i+1})^2 \right]
\end{array}\right\} \tag{7.23}
$$

式中：$Z_0 \big|_{i,i+1}$ 和 $Z_E \big|_{i,i+1}$ 分别为耦合微带线的奇模和偶模的特征阻抗；Z_0 为输入和输出微带线的特征阻抗。

（5）根据求得的奇模和偶模特征阻抗，参照图 7.28 可以确定耦合微带线的几何结构。按照给定微带线路板的参数——介质相对介电常数 ε_r 和介质厚度 d，得到微带线的宽度 W 和微带线之间的距离 S。取每段耦合微带线的长度为 $\dfrac{\lambda_0}{4}$。

按照带通滤波电路的基本结构，就可以实现微带线带通滤波电路的设计。由于耦合微带线的边缘场效应很强，需要通过更精确的计算对微带线的宽度和长度进行修正，使耦合微带线带通滤波电路设计更可靠。然后使用仿真软件，对微带线带通滤波电路进行模拟，通过一些参数的调整提高滤波电路频率的特性。

耦合微带滤波器是微带滤波器的一种常用形式，由多段 1/4 波长的耦合微带线组成，因其耦合形式可以隔离直流信号往往被用于微带线带通滤波器的设计。

ADS 软件提供了多种形式的耦合微带线，同时 ADS 还自带有计算微带线参数的插件，只需要根据微带线的阻抗特性便可得到微带线的尺寸参数。带通滤波器的设计指标如下。

通带：2~2.6 GHz，通带内衰减小于 3 dB，纹波小于 1 dB，阻带小于 1 GHz，大于 3 GHz 时衰减大于 4 dB，通带内反射系数小于 –20 dB，设计指标要求纹波小于 1 dB，因此选用的滤波器参数为 0.5 dB 等波纹切比雪夫归一化低通滤波电路参数，见表 7.3 所示。

表 7.3　0.5 dB 等波纹切比雪夫归一化低通滤波电路参数（$N=1\sim10$）

N	g_0	g_1	g_2	g_3	g_4	g_5	g_6	g_7	g_8	g_9	g_{10}	g_{11}
1	1.000	0.698 6	1.000 0									
2	1.000	1.402 9	0.707 1	1.984 1								
3	1.000	1.596 3	1.096 7	1.596 3	1.000 0							
4	1.000	1.670 3	1.192 6	2.366 1	0.841 9	1.984 1						
5	1.000	1.705 8	1.229 6	2.504 8	1.229 6	1.705 8	1.000					
6	1.000	1.725 4	1.247 9	2.606 4	1.313 7	2.748 5	0.686 9	1.894 1				
7	1.000	1.737 2	1.258 3	2.638 1	1.344 4	2.638 1	1.258 3	1.737 2	1.000 0			
8	1.000	1.745 1	1.264 7	2.654 6	1.359 0	2.696 4	1.338 9	2.509 3	0.879 6	1.894 1		
9	1.000	1.750 4	1.269 0	2.667 8	1.367 3	2.793 9	1.367 3	2.667 8	1.269 0	1.750 4	1.000 0	
10	1.000	1.754 3	1.272 1	2.675 4	1.372 5	2.739 2	1.380 6	2.723 1	1.348 5	2.523 9	0.884 2	1.894 1

滤波器的归一化带宽为 BW $= \dfrac{\omega_H - \omega_L}{\omega_O} \approx 26.09\%$，其中心频率 $\omega_0 = \dfrac{\omega_H + \omega_L}{2} = 2.3$（GHz），要求在 3 GHz 处衰减大于 40 dB 可选用 5 阶切比雪夫滤波器电路归一化参数。

由式（7.27）以及归一化参数和归一化的带宽 BW 可以确定带通滤波器微带线的奇模特征阻抗 Z_O 和偶模特征阻抗 Z_E，见表 7.4。

表 7.4 耦合微带传输线的奇模特征阻抗和偶模特征阻抗

i	$J_{i,i+1}$	Z_O	Z_E
0	0.009 8	37.570 7	86.436 5
1	0.005 6	39.876 2	68.076 1
2	0.004 7	41.072 1	64.343 6
3	0.004 7	41.072 1	64.343 6
4	0.005 6	39.876 2	68.076 1
5	0.009 8	37.505 7	86.436 5

在 ADS 设计软件中新建项目后添加 5 端耦合微带线，如图 7.32 所示。

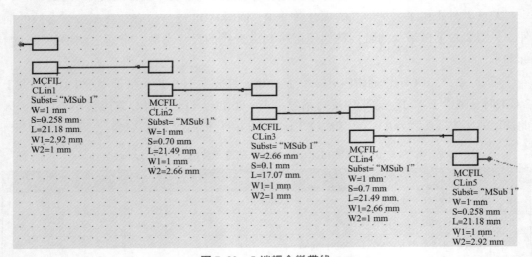

图 7.32 5 端耦合微带线

级联得到 5 阶带通滤波器，添加相应的终端和控件得到完整的原理图，如图 7.33 所示。

利用耦合微带线进行带通滤波器设计时需要确定耦合微带线的相关参数，包括耦合微带线的长度 L、宽度 W、间距 S。这些参数由耦合微带线的奇模和偶模特征阻抗决定，利用 ADS 自带的 LineCalc 插件计算，LineCalc 插件界面如图 7.34 所示。

LineCalc 插件参数填写与微带线空间参数一致，频率为中心频率 2 GHz，在 Electrical 栏输入对应的奇模和偶模特征阻抗，即可得到耦合微带线的物理尺寸参数，如图 7.35 所示。

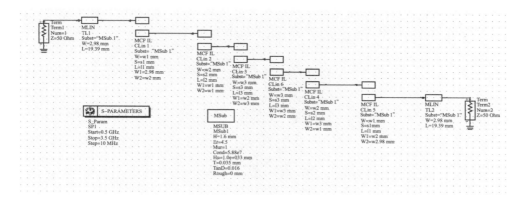

图 7.33　完整原理图

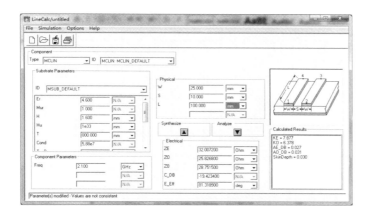

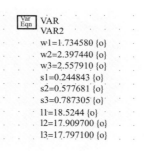

图 7.34　LineCalc 插件界面　　　图 7.35　微带线的物理尺寸参数

仿真得到 S 参数，结果如图 7.36 所示。

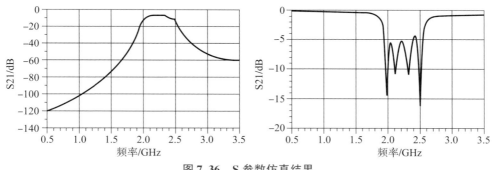

图 7.36　S 参数仿真结果

从仿真结果可以看出理论计算的结果跟设计指标有部分偏差，如带宽不够以及通带反射系数不达标。需要对设计的微带线带通滤波器进行参数优化，在原理图中添加相应的优化控件，并设定耦合微带线物理尺寸的优化范围，仿真得到优化后的微带线物理尺寸参数和滤波器 S 参数如图 7.37 和图 7.38 所示。

图 7.37　优化后的微带线物理尺寸参数

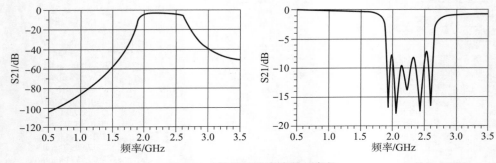

图 7.38　优化后的滤波器 S 参数

使用 ADS 完成了原理图的设计与仿真后可将设计的原理图转换为版图，如图 7.39 所示，版图仿真更加接近真实电路板的电磁特性。

图 7.39　ADS layout 后得到的版图

添加测试端口设置仿真频率范围，如图 7.40 所示。版图 S21 和 S11 仿真如图 7.41 所示。

通过图 7.41 可以看出，版图仿真的结果基本接近原理图的仿真。

最终得到超宽带无线电引信回波信号，如图 7.42 所示。

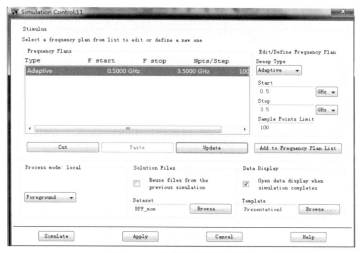

图 7.40　设置仿真频率范围

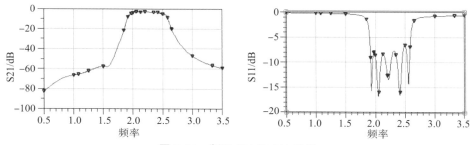

图 7.41　版图 S21 和 S11 仿真

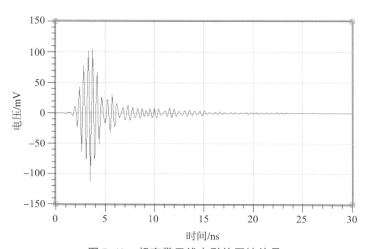

图 7.42　超宽带无线电引信回波信号

7.3 超宽带无线电引信回波信号动态加载技术

超宽带无线电引信测试的一项关键技术是如何将产生的模拟回波信号加载到引信上，这需要解决两个问题：一是回波信号与引信接收机取样脉冲信号的同步，二是基于引信多普勒时移的加载。本节从模板匹配法研究超宽带无线电引信测试中的同步方法和基于多普勒时移的回波信号加载，以解决超宽带无线电引信测试中回波信号动态加载问题。

7.3.1 超宽带无线电引信测试同步算法

1. 基于模板匹配的全局最大值搜索同步算法

由式（7.3）和式（7.4）可知，当 $\tau_1 + \tau_2 = \dfrac{2H}{c}$ 时，测试系统产生的目标回波信号与引信取样信号同步，引信接收机相关输出幅度最大。仿真结果如图 7.43 所示。

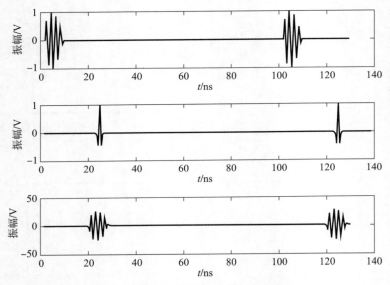

图 7.43 目标回波信号与取样信号同步过程仿真

仿真结果表明，当目标回波信号与取样信号不同步时，引信接收机相关输出幅度为零；当目标回波信号与取样信号完全同步时，引信接收机相关输出幅度最大。

因此，超宽带无线电引信测试中的同步可以借鉴通信同步中的模板匹配方法，将引信接收机的取样信号作为模板信号，与超宽带无线电引信测试系统产生的模拟目标回波信号进行相关。在一定区域内调整延迟时间 τ_2 并检测引信接收机相关输出信号幅值，当引信接收机相关输出幅度最大时，即表明测试系统产生的模拟目标回波信号与引信接收机取样信号同步。将这种同步方法定义为基于模板匹配的全局最大值搜索同步算法，同步算法流程如图 7.44 所示。

2. 基于模板匹配的变步长全局最大值搜索同步算法

基于模板匹配的全局最大值搜索同步算法有一个缺点：当同步搜索区域较大，搜索步长较小时，同步搜索时间较长。为解决同步搜索时间长的问题，将基于模板匹配的全局最大值搜索同步算法进行改进，根据引信接收机相关输出信号幅值调整同步搜索步长。这种变步长同步搜索的基本思想是先设置一个阈值，当引信接收机相关输出信号幅值小于阈值时，用较大的步长同步搜索，称为粗同步；当引信接收机相关输出信号幅值大于阈值时，用较小的步长同步搜索，称为细同步。变步长流程如图 7.45 所示，用公式表示如下：

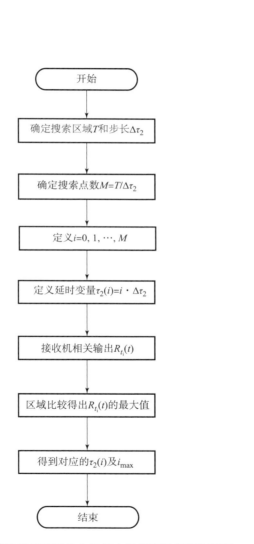

图 7.44　基于模板匹配的全局最大值搜索同步算法流程

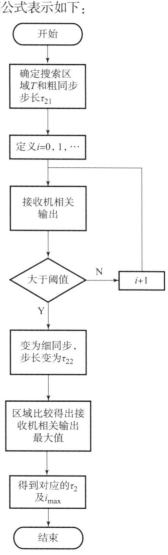

图 7.45　变步长流程

$$\Delta \tau_2 = \begin{cases} \Delta \tau_{21} & |R_r(t)| < U_0 \\ \Delta \tau_{22} & |R_r(t)| > U_0 \end{cases} \qquad (7.24)$$

式中：U_0 为设定阈值；$\Delta \tau_{21} > \Delta \tau_{22}$。

为控制方便，一般取 $\Delta \tau_{21} = N \Delta \tau_{22}$，式（7.24）变为

$$\Delta \tau_2 = \begin{cases} N \Delta \tau_{22} & |R_r(t)| < U_0 \\ \Delta \tau_{22} & |R_r(t)| > U_0 \end{cases} \qquad (7.25)$$

将上述变步长的同步搜索方法定义为基于模板匹配的变步长全局最大值搜索同步算法，这种同步算法能在搜索区域和同步精度不变的前提下，减小同步搜索时间。

设粗同步搜索区域为 T_1，细同步搜索区域为 T_2，则同步时间 T 为

$$T = T_1 + T_2 \qquad (7.26)$$

总的搜索点数为

$$\frac{T}{N \Delta \tau_{22}} + \frac{T_2}{\Delta \tau_{22}} = \frac{\frac{1}{N} T_1}{\Delta \tau_{22}} + \frac{T_2}{\Delta \tau_{22}} = \frac{\frac{1}{N} T_1 + T_2}{\Delta \tau_{22}} \qquad (7.27)$$

基于模板匹配的全局最大值搜索同步算法的同步搜索点数为

$$M = \frac{T}{\Delta \tau_2} = \frac{T}{\Delta \tau_{22}} \qquad (7.28)$$

两种算法的同步搜索点数相差：

$$\frac{T}{\Delta \tau_{22}} - \frac{\frac{1}{N} T_1 + T_2}{\Delta \tau_{22}} = \frac{T_1 + T_2}{\Delta \tau_{22}} - \frac{\frac{1}{N} T_1 + T_2}{\Delta \tau_{22}}$$

$$= \frac{T_1 - \frac{1}{N} T_1}{\Delta \tau_{22}} = \frac{\frac{N-1}{N} T_1}{\Delta \tau_{22}} \qquad (7.29)$$

从式（7.29）可以看出，当 T_1 较大时，且取合适的 N 时，可以大幅减少同搜索时间。

7.3.2 基于时域多普勒效应的动态加载技术

超宽带无线电引信的时域多普勒效应使得引信接收机电路工作于扫描模式，相当于目标回波信号以 T_{id} 步进间隔依次扫描通过引信接收机的取样门，或者说引信接收机的取样脉冲以 T_{id} 为取样间隔对目标回波信号进行采样。由于步进间隔 T_{id} 很小 [如 $v_r = 150$ m/s，脉冲间隔 T 为 200 ns 时，$T_d = \dfrac{2v_r}{c} \times T = 0.2$（ps）]。这样小的步进间隔目前在技术实现上还有困难。为解决这个问题，先研究目标回波信号以 T_{id} 步进间隔依次扫描通过引信接收机取样门时引信接收机的输出。目标回波信号以 T_{id} 步进间隔依次扫描通过引信接收机取样门的示意图如图 7.46 所示。

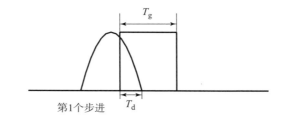

第1个步进

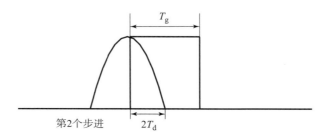

第2个步进

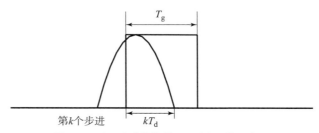

第k个步进

图 7.46　通过引信接收机取样门的示意图

在图 7.46 中，T_g 为取样门宽度。

第 1 个步进时引信接收机的相关输出：

$$R_{t_1}(t) = \int_0^{T_d} u\left(t - \frac{2R}{c}\right) S_d\left(t - \frac{2H}{c}\right) dt \qquad (7.30)$$

第 2 个步进时引信接收机的相关输出：

$$R_{t_2}(t) = \int_0^{2T_d} u\left(t - \frac{2R}{c}\right) S_d\left(t - \frac{2H}{c}\right) dt \qquad (7.31)$$

第 k 个步进时引信接收机的相关输出：

$$R_{t_k}(t) = \int_0^{kT_d} u\left(t - \frac{2R}{c}\right) S_d\left(t - \frac{2H}{c}\right) dt \qquad (7.32)$$

可以采用幅度加权的等效加载方法模拟目标回波信号步进依次扫描通过引信接收机取样门的过程。设 $m(k)$ 为与第 k 个步进有关的变量，幅度加权等效模拟示意图如图 7.47 所示。

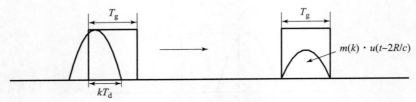

图 7.47　幅度加权等效模拟示意图

令

$$\int_0^{T_g} m(k) \cdot u\left(t - \frac{2R}{c}\right) S_d\left(t - \frac{2H}{c}\right) \mathrm{d}t = \int_0^{kT_d} u\left(t - \frac{2R}{c}\right) S_d\left(t - \frac{2H}{c}\right) \mathrm{d}t$$

$$= m(k) \int_0^{T_g} u\left(t - \frac{2R}{c}\right) S_d\left(t - \frac{2H}{c}\right) \mathrm{d}t \tag{7.33}$$

由式（7.33）可得

$$m(k) = \frac{\displaystyle\int_0^{kT_d} u\left(t - \frac{2R}{c}\right) S_d\left(t - \frac{2H}{c}\right) \mathrm{d}t}{\displaystyle\int_0^{T_g} u\left(t - \frac{2R}{c}\right) S_d\left(t - \frac{2H}{c}\right) \mathrm{d}t} \tag{7.34}$$

由式（7.34）可以看出，分子即为超宽带无线电引信接收机输出，分母为常数。令

$$c = \int_0^{T_g} u\left(t - \frac{2R}{c}\right) S_d\left(t - \frac{2H}{c}\right) \mathrm{d}t \tag{7.35}$$

$$m(k) = \frac{1}{c} \int_0^{kT_d} u\left(t - \frac{2R}{c}\right) S_d\left(t - \frac{2H}{c}\right) \mathrm{d}t = \frac{1}{c} R_r(t) \tag{7.36}$$

通过前面的结论，采用幅度加权的等效加载方法可以等效目标回波信号步进依次扫描通过引信接收机取样门的过程，解决基于时域多普勒效应的动态加载问题。

7.4　超宽带无线电引信测试系统工作流程

超宽带无线电引信测试系统的原理框图参见图 7.1，主要工作流程如下：

（1）初始化。根据被测引信发射信号参数、交会条件和预定炸高，中控机解算调制参数和粗略延迟时间，确定目标信号发生器产生信号频率和幅度，确定同步控制器同步扫描起始时刻。

（2）同步。控制可调延迟时间进行同步搜索，通过检测被测引信接收机相关输出信号进行同步判断，当引信接收机相关输出信号幅度最大时，测试系统与被测引信完全同步。

（3）测试。通过示波器检测引信接收机相关输出信号及引信启动信号，根据引信总的收发延迟时间及引信启动信号相对相关输出信号的位置，计算引信实际炸高。

炸高公式为

$$H = \frac{1}{2}(\tau_1 + \tau_2 + \Delta t) \cdot c \qquad (7.37)$$

式中：$\Delta t = \frac{2v_r}{c} \cdot \Delta t'$，其中 $\Delta t'$ 为引信启动信号相对相关输出信号峰值位置的修正量，超前为正，滞后为负。

参 考 文 献

[1]赵惠昌.无线电引信设计原理与方法[M].北京:国防工业出版社,2012.

[2]本专辑责任编委组.超宽带无线电技术[J].通信学报,2005,26(10):2-6.

[3]马宝华.战争、技术与引信——关于引信及引信技术的发展[J].探测与控制学报,2001,23(1):1-6.

[4]Bob White,Adrian Jennings. Ultra wideband technology for precision proximity fuzing [C].49th Annual fuze conference,NDIA Seattle,2005.

[5]Taylor J. D. Introduction to ultra wideband radar systems[M]. Boca Raton,FL USA: CRC Press,Inc,1995.

[6]戴国宪,王春阳,刘刚,等.一种高精度引信系统[J].系统工程与电子技术,2001,23(2):14-15,41.

[7]施坤林,黄峥,马宝华,等.国外引信技术发展趋势分析与加速发展我国引信技术的必要性[J].探测与控制学报,2005,27(3):1-5.

[8]Barrett T W. History of ultra wideband communications and radar:part Ⅱ,UWB radar and sensors[J]. Microwave journal,2001,44(2):21-52.

[9]Hussain M G M. Principles of high-resolution radar based on nonsinusoidal waves-part Ⅰ:signal representation and pulse compression[J]. IEEE Transactions on Electromagnetic Compatibility,1989,31(4):359-368.

[10]王全民,郭刚,付慧,等.超宽带信号地面回波仿真研究[J].计算工程与应用,2011,47(20):129-132.

[11]王彦君,吴嗣亮,王旭.一种测量雷达目标模拟器的实现[J].现代雷达,2004,26(7):1-3.

[12]李静,李向军.复杂目标近场电磁散射的建模方法[J].西安工业学院院报,2003,23(4):316-320.

[13]聂在平,方大纲.目标与环境电磁散射特性建模——理论、方法与实现(应用篇)[M].北京:国防工业出版社,2009.

[14]王全民.地面射频效应建模与仿真研究[D].长沙:国防科技大学,2005.

[15]Mcewan T E. Homodyne impulse radar hidden object locator[P]. U. S.:5512834,

1996 - 4 - 30.

[16]陈立平,吴嗣亮.引信目标模拟器中回波的建模与仿真[J].北京理工大学学报,2005,25(12):1099 - 1102.

[17]赵琦,陈宁,费元春,等.引信目标回波模拟器的建模与实现[J].系统仿真学报,2008,20(10):2674 - 2676.

[18]Nickolin T. Highly integrated firing module[C]. The 43th Annual Fuze Conference, 1999.

[19]张欣宇.脉冲超宽带同步技术的研究[D].哈尔滨:哈尔滨工业大学,2008.

[20]R. Fleming C Kushner,G Roberts. Rapid acquisition for ultra wideband localizers[J]. IEEE Conference on Ultra Wideband Systems and Technologies. Baltimore,2002:245 - 249.

[21]S Vijayakumaran,T E Wong. Equal gain combining for acquisition of UWB signals [J]. IEEE Military Communications Conference,Monterey,2003,2:880 - 885.

[22]屈静.超宽带通信系统中基于能量捕获的同步研究[D].北京:北京邮电大学,2008.

[23]吴凌慧.基于 Gardner 算法的定时同步技术[D].哈尔滨:哈尔滨工业大学,2009.

[24]Henning F Harmuth. Electromagnetic signals:reflection,focusing,distortion and their practical applications[M]. American:Kluwer Academic,1999.

[25]Henning F Harmuth. Interstellar propagation of electromagnetic signals[M]. American:Kluwer Academic,2000.

[26]Henning F Harmuth. Transmission of information by orthogonal functions[M]. Germany:Springer - Verlag Berlin and Heidelberg GmbH & Co. K;Softcover reprint of the original 1st ed,1970.

[27]Hussian M G M. Ultra - wideband impulse radar—An overview of the principles[J]. IEEE AES Systems Magazine,1998.

[28]Mcewan T E. Ultra - wideband radar motion sensor[P]. U. S. :5361070,1994 - 11 - 1.

[29]黎海涛,徐继麟.超宽带雷达目标回波建模[J].系统工程与电子技术,2000,22(10):41 - 43,58.

[30]Vitebskiy S,Sturgess K,Carin L. Short - pulse plane - wave scattering from buried perfectly conducting bodies of revolution[J]. IEEE Transactions on Antennas and Propagation,1996,44(2):143 - 151.

[31]Geng N,Carin L. Fast multipole method for targets above or buried in lossy soil[C]. Proceedings of IEEE Antennas and Propagation Society International Symposium,Florida,1999:644 - 647.

［32］Geng N,Sullivan A,Carlin L. Fast multipole method for scattering from an arbitrary perfectly conducting target above or below a lossy half space［C］. Proceeding of IEEE International Geoscience and Remote Sensing Symposium,Piscataway,1999:1829 – 1831.

［33］Rynne B P. Time domain scattering from arbitrary surfaces using the electric field integral equation［J］. Journal of Electromagnetic Waves and Applications,1991,5(1):93 – 112.

［34］Liu Q H. The PSTD Algorithm:A time – domain method requiring only two grids per wavelength［R］. Tech. Report. Las Cruces:New Mexico State University,1996.

［35］Liu Q H. The pseudospectral time – domain(PSTD) method:a new algorithm for solutions of Maxwell's equations［J］. IEEE Antennas and propagation society international symposium. Montreal,Que,1997:122 – 125.

［36］Zhao G,Liu Q H. The unconditionally stable pseudospectral time – domain(PSTD) method［J］. IEEE Microwave and Wireless Components Letters,2003,13(11):475 – 477.

［37］Fan Y. Development of hybrid PSTD methods and their application to analysis of fresnel zone plates［D］. National University of Singapore,2008.

［38］姜永金. 多区域时域伪谱算法关键问题研究及其应用［D］. 长沙:国防科学技术大学,2006.

［39］王全民. 超宽带冲激引信仿真测试关键技术研究［D］. 长沙:国防科技大学,2011.

［40］Yee K S. Numerical solution of initial boundary value problems involving Maxwell's equation in isotropic media［J］. IEEE Trans Antenna Propagation,1966,14(5):302 – 307.

［41］Fang J. Time – domain finite difference computation for Maxwell's equations［D］. Univ. of California Berkeley,CA,1989.

［42］Taflove A,Hagness S C. Computational electrodynamics:the finite – difference time domain method［M］. 2nd edn,Norwood,MA:Artech House,2005,302 – 313.

［43］Yang B,Hesthaven J S. A pseudospectral method for time – domain computation of electromagnetic scattering by bodies of revolution［J］. IEEE Transactions on Antenna and Propagation,1999,47(1):132 – 141.

［44］Yang B,Hesthaven J S. Mulidomain pesudospectral computation of Maxwell's equations in 3 – d curvilinear coordinates［J］. Applied Numerical Mathematics,2000,33:281 – 289.

［45］Fan G X,Liu Q H,Hesthaven J S. Multidomain pseudospectral time – domain method for simulation of scattering from buried objects［J］. IEEE Transactions on Geoscience and Remote Sensing,2002,40(6):1366 – 1373.

［46］Zhao G,Zeng Y Q,Liu Q H. The 3 – d multidomain pseudospectral time – domain method for wideband simulation[J]. IEEE Microwave and Wireless Components Letters 2003, 13(5):184-186.

[47]Zhao G. The 3-d multidomain pseudospectral time-domain method for electromagnetic modeling[D]. North Carolina:Duke University,2005.

[48]马弘舸. 瞬态电磁脉冲的时域伪谱算法:研究、改进及应用[D]. 成都:电子科技大学,2005.

[49]王蕊,郭立新,李娟,等. 粗糙面及其上方任意形状界面导体目标的瞬态散射[J]. 中国科学(G 辑:物理学 力学 天文学),2009,39(2):201-212.

[50]黄纪军,粟毅,计科峰,等. 地面复杂目标宽带电磁散射特性分析[J]. 微波学报,2005,21(2):8-11.

[51]黄纪军. FOPEN SAR 地面目标散射特性分析及检测研究[D]. 长沙:国防科技大学,2005.

[52]周蔚红,周东明,刘克成. 二维 FDTD 分析土壤及地下管道的时域散射场[J]. 国防科技大学学报,2003,25(6):53-55.

[53]闫岩. 对地超宽带无线电引信探测理论与方法[D]. 北京:北京理工大学,2010.

[54]周宇翔. 冲激雷达脱靶量测量[D]. 北京:北京理工大学,2007.

[55]王俊. 脉冲超宽带信号产生、控制与检测[D]. 合肥:中国科学技术大学,2007.

[56]Weiner D D, Sarkar T K, Wang H. Ultra-widebandradar detection analysis and demonstration program,Phases I AND II[R]. RL-TR-95-67,Apr. 2005.

[57]范玉芳,黄晓涛,梁甸农. 冲激信号的产生技术研究[J]. 系统工程与电子技术,2001,23(8):28-38.

[58]王欣,付红卫,向正义. 超宽带引信脉冲源的仿真设计[J]. 弹箭与制导学报,2006,26(3):266-268.

[59]Han J,Nguyen C. A new ultra-wideband,ultra-short monocycle pulse generator with reduced ringing[J]. IEEE Microwave and Wireless Component Letters,2002,12(6):206-208.

[60]周建明,费元春. 新型超宽带雷达发射机技术[J]. 兵工学报,2008,29(2):240-243.

[61]Oppermann I,Hamalainen M,Iinatti J. UWB theory and applications[M]. John Wiley & Sons,Ltd,2004.

[62]Taylor J D. Ultra-wideband radar technology[M]. CRC Press LLC,2001.

[63]Kim H,Park D. All-digital low-power CMOS pulse generator for UWB system[J]. IEEE Electronics Letters,2004,40(24):1173-1174.

[64]Norimatsu T,Fujiwara R,Kokubo M. A UWB-IR transmitter with digitally controlled pulse generator[J]. IEEE J. Solid-State Circuits,2007,42(6):1300-1309.

[65]Kenichi Takizawa,Ryuji Kohno. Low-complexity rake reception and equalization for

MBOK DS – UWB systems[C]. IEEE Global Telecommunications Conference,2004,2:1249 – 1253.

[66]J Lbrahimm,R Menon,R M Buehrer. UWB signal detection based on sequence optimization for dense multipath channels[J]. IEEE Communications Letters, April 2006,4(10): 228 – 230.

[67]Chen R Jr,Po – lin Chiu,Hua – lung Yang. Design and performance analysis of DS – UWB rake receiver[C]. Circuits and systems,IEEE International Symposium on 2006:4715 – 4718.

[68]El – Khamy SE,Sourour EE,Kadous TA. Wireless portable communications using Pre – Rake CDMA/TDD/QPSK systems with different combing techniques and imperfect channel estimation[C]. The 8th IEEE International Symposium on Personal,Indoor and Mobile Radio Communications,1997:529 – 533.

[69]Barrett T W. History of ultra wideband communications and radar:Part I,UWB communications[C]. Microwe:2001:22 – 56.

[70]Fontana R J. An ultra – wideband communication on link for unmanned vehicle applications[C]. In Proc. 1997 AUVSI.

[71]王彦波. IR – UWB 同步捕获技术研究[D]. 杭州:浙江大学,2008.

[72]Guveneand H. Arslan. Performance evaluation of UWB systems in the presence of timing jitter[J]. In Proe. of IEEE Conf. Ultra Wideband Systems and Technologies,2003: 136 – 141.

[73]Cabonelli C,Mengali U. Synchronization algorithms for UWB signals[J]. Communications,IEEE Transactions on Communications,2006,54(2):329 – 338.

[74]Departs N,Boe A,Loyez C,et al. Receiver and synchronization for UWB impulse radio signals[C]. IEEE International Microwave SymPosium Digest,2006:1414 – 1417.

[75]R Fleming,C Kushner,G Roberts,et al. Rapid acquisition for ultra wideband localizers[J]. In Proc. of Conf. Ultra Wideband Systems and Technologies, Baltimore, MD, USA, 2002:245 – 250.

[76]Tian Zhi,Giannakis Georgios B. BER sensitivity to mistiming in ultra – wideband inpulse radios,Part 11:Fading channels[J]. IEEE Transactions on Signal Processing,2005,53 (5):1897 – 1907.

[77]Yang L,Giannakis G B. Blind UWB timing with a dirty template. Acoustics, Speech and signal Processing,2004(ICASSP'04)[J]. IEEE International Conference, 2004,4:509 – 512.

[78]Yang L,Giannakis G B. Timing ultra – wideband signals with dirty templates[J]. IEEE Trans. Commun,2005,53:1952 – 1963.

［79］Alhakim R，Raoof K，Simeu E. A novel fine synchronization method for dirty template UWB timing acquisition［C］. 2010 6th International Conference on Wireless Communication，WICOM，2010.

［80］Yang L，Giannakis GB. Low－complexity training for rapid timing acquision in ultra wideband communication［C］. Global Telecommunication Conference，2003：769－779.

［81］马少杰. 引信工程基础［M］. 北京：国防工业出版社，2010.

［82］马少杰. 引信试验技术［M］. 北京：国防工业出版社，2010.

［83］郑链. 近炸引信设计原理［M］. 北京：国防工业出版社，1984.

［84］张合. 引信与武器系统交联理论及技术［M］. 北京：国防工业出版社，2010.

［85］闫岩，崔占忠. 超宽带无线电引信接收机时域建模与仿真［J］. 宇航学报，2011，6.

［86］崔占忠，宋世和，徐立新. 近炸引信原理［M］. 北京：北京理工大学出版社，2005.

［87］徐清泉，程受浩. 近炸引信测试技术［M］. 北京：北京理工大学出版社，1996.

［88］葛利嘉，朱林，袁晓芳，等. 超宽带无线电基础［M］. 北京：电子工业出版社，2005.

［89］Hussian M G M. Principles of high－resolution radar based on nonsinusoidal waves——part Ⅰ：signal representation and pulse compression［J］. IEEE Transactions on Electromagnetic Compatibility，1989，31（4）：359－368.

［90］曾禹村，张宝俊，沈庭芝，等. 信号与系统［M］. 北京：北京理工大学出版社，2002.

［91］Win M Z，Scholtz R A. Ultra－wide bandwith time－hopping spread－spectrum impulse radio for wireless multiple－access communications［J］. IEEE Transactions on Communications，2000，48（4）：679－691.

［92］卢万铮. 天线理论与技术［M］. 西安：西安电子科技大学出版社，2004.

［93］N P Agrawall，G Kumar，and K P Ray. Wide－band planar monopole antenna［J］. IEEE Trans on Antennas and Propagation 1998：294－295.

［94］Zhining Chen，Michael Yan Wah. China，Broadband monopole antenna with parasitic planar element，Microwave and Optical Technology Letters，2000，27（3）：209－210.

［95］Jeongpyo Kim，Taeyeoul Yoon，Jaemoung Kim，et al. Design of an ultra wide－band printed monopole antenna using FDTD and genetic algorithm［J］. IEEE Microwave and Wireless Components Letters，2005，15（6）：395－398.

［96］Raymond J Lueber，John Beggs. FDTD calculation of wide－band antenna gain and effciency［J］. IEEE Transactions on Antennas and Propagation，1992，40（11）：1403－1408.

［97］张敏. CST 微波工作室用户全书（卷一/卷二）［M］. 成都：电子科技大学出版

社,2004.

[98]粟毅,黄春琳,雷文太.探地雷达理论与应用[M].北京:科学出版社,2006.

[99]阮成礼.超宽带天线理论与技术[M].哈尔滨:哈尔滨工业大学出版社,2006.

[100]费元春.超宽带雷达理论与技术[M].北京:国防工业出版社,2010.

[101]张玉铮.近炸引信设计原理[M].北京:北京理工大学出版社,1996.

[102]张清泰.无线电引信总体设计原理[M].北京:国防工业出版社,1985.

[103]Ye H,Jin Y Q. Parameterization of the tapered incident wave for numerical simulation of electromagnetic from rough surface[J]. IEEE Trans Antennas Propagation,2005,53 (3):1234 – 1237.

[104]王鹏,蒋小勇,谢拥军.粗糙海面上三维金属目标的电磁散射特性分析[J].电子与信息学报,2008,30(2):490 – 493.

[105]复旦大学物理系《半导体线路》编写组.半导体线路(脉冲技术部分)[M].上海:复旦大学出版社,1973.

[106]Moll J L,Hamilton S A. Physical modeling of the step recovery diode for pulse and harmonic generation circuits [J]. Proc. of IEEE,1969,57(7):1254 – 1255.

[107]刘晓雷,吴芝路.超宽带通信系统关键电路设计研究[D].哈尔滨:哈尔滨工业大学工学,2006.

[108]Fu Zaiming,Shi Yibing. Research on a fast edge generation technology of the digital pulse [R]. Proc. of IEEE 2008 International Conference on Communications,Circuits and Systems,Xiamen University,Fujian Province,China:1066 – 1069.

[109]陈艳华,李朝辉,夏玮. ADS 应用详解[M].北京:人民邮电出版社,2008.

[110]Muklas B,Rahim N S,Abdul K,et al. A design of compact ultra wideband coupler for butler matrix[J]. Wireless Personal Communications,2013,70(2):915 – 926.

[111]刘建军,钟顺时.无线多频通信系统超宽带天线研究[D].上海:上海大学,2010.

[112]Ye L H,Chu Q X. 3. 5/5. 5 GHz dual band – notch ultra – wideband slot antenna with compact size [J]. Electronics Letters 2010,46(7):325 – 327.

[113]Lin S,Cai R – N,Huang G – L,et al. A miniature UWB semi – circle mono printed antenna[J]. Progress in Electromagnetic Reserch Letters,2011,23:157 – 163.

[114]Yildirim B S,Cetiner B A,Roqueta G,et al. Integrated bluetooth and UWB antenna [J]. Antennas and Wireless Propagation Letters,IEEE,2009,8:149 – 152.

[115]Sapuan S Z,Kazemipour A,Jenu Z M. Direct feed biconical antenna as a reference antenna[J]. 2011 IEEE International RF and Microwave Conference (RFM2011):5 – 8.

[116]刘长军,黄卡玛,闫丽萍.射频通信电路设计[M].北京:科学出版社,2005.

［117］杜勇,路建功,李元洲.数字滤波器的 MATLAB 与 FPGA 实现［M］.北京:电子工业出版社,2012.

［118］Rabiner L R,Mcclellan J H,Parks T W. FIR digital filter design techniques using weighted chebyshev approximations. Proc. IEEE 63(1975).

［119］Pei S C,Shyu J J. Design of arbitrary FIR filter by weighted least technique［J］. IEEE Tans Processing 1994,42(9):2495 - 2499.

［120］梁淼,刘会军.数字系统电子自动化设计教程:CPLD 原理与应用［M］.北京:北京理工大学出版社,2008.

［121］周京华.CPLD/FPGA 控制系统设计［M］.北京:机械工业出版社,2011.

［122］Tu Youchao,Liu Xuzhou,Luo Yongsong. Design of UWB fuze pulse generator based on CPLD［J］. Journal of Projectiles,Rockets,Missiles and Guidance,2008,28(4):119 - 121.

［123］Gentner P K,Gartner W,Hilton G,et al. Towards a hardware implementation of ultra - wideband beamforming［J］. 2010 International ITG Workshop on Smart Antennas(WSA 2010):408 - 413.

［124］http://www. latticesemi. com/ ~/media/Documents/DataSheets/MachXO23/MachXO-FamilyDataSheet. pdf? document_id = 9922［Z］.

［125］ http://www. ti. com. cn/cn/lit/er/slaz150d/slaz150d. pdf［Z］.

［126］ Jol H M. Ground Penetrating radar theory and applications ［M］. Elsevier science, 2009.

［127］ Daniels D. Ground penetrating radar ［M］. 2nd ed. The Institution of Engineering and Technology, 2005.

［128］ 陈运涛, 黄寒砚, 陈玉兰. 雷达技术基础 ［M］. 北京: 国防工业出版社, 2014.

［129］ 曾必强. 目标特性信号与多种信号源设计 ［D］. 北京: 北京理工大学, 2004.

［130］ Mcewan T E. Short range, ultra - wideband radar with high resolution swept range gate ［P］. U. S.: 5757320, 1998 - 5 - 26.

［131］ Thotahewa K M S, Yuce M R, Redouté J M. Ultra wideband wireless body area networks ［M］. New York: Springer International Publishing, 2014.

［132］ Shi Guowei, Ming Ying. Survey of indoor positioning systems based on ultra - wideband(UWB) technology ［M］. New Delhi: Springer India, 2016.

［133］ Liu Xiaoyan, Fang Zheng, Zhou Jianguang. Ultra - wideband pulse generator for heart - rate monitor ［M］. Berlin: Springer Berlin Heidelberg, 2014.

［134］ Fontana Robert J. Recent applications of ultra wideband radar and communications systems ［J］. Ultra – Wideband, Short – Pulse Electromagnetics, 2001：225 – 234.

［135］ Li Meng, Huang Zhonghua, You Hongfei. A method of echo signal generation for UWB fuze based on microstrip bandpass filter ［C］//International Symposium on Computational Intelligence and Design, IEEE, 2015：124 – 127.

［136］ Fontana R. J. Recent system applications of short – pulse ultra – wideband (UWB) technology ［J］. IEEE Transactions on Microwave Theory & Techniques, 2004, 52 (9)：2087 – 2104.

［137］ H Fluhler. Ultra – wideband technology for precision proximity fuzing ［C］. NDIA 49th Annual Fuze Conference, 2005.

［138］ 潘敬源. 基于冲激体制的近炸引信系统研制 ［D］. 成都：电子科技大学, 2014.

［139］ 李利, 任玲. 超宽带 (UWB) 关键技术及其在军事上的应用 ［C］//. 制导与引信专业信息网学术交流会论文集. 北京：华艺出版集团, 2007.

［140］ 唐浩, 张建华, 王茜. 超宽带雷达技术在空空导弹引信中的应用前景 ［J］. 航空兵器, 2002 (4)：29 – 30.

［141］ 王春阳, 刘刚, 师剑军, 等. 超宽带引信系统研究 ［J］. 无线电工程, 2001 (s1)：213 – 215.

［142］ 郑俊花. 一种宽频带对称振子天线的仿真设计 ［D］. 北京：北京理工大学出版社, 2006.

［143］ 沈磊, 黄忠华. 超宽带无线电引信天线设计及仿真 ［J］. 兵工学报, 2014, 35 (7)：960 – 964.

［144］ 沈磊, 黄忠华. 超宽带引信天线时域建模与仿真 ［J］. 科技导报, 2015, 33 (9)：74 – 77.

［145］ 哈尔姆斯. 非正弦波雷达与无线电通信 ［M］. 北京：人民邮电出版社, 1989.

［146］ 哈尔姆斯. 非正弦波天线与波导 ［M］. 北京：人民邮电出版社, 1990.

［147］ 哈尔姆斯. 非正弦电磁波的传播 ［M］. 北京：人民邮电出版社, 1990.

［148］ Mcewan Thomas E. Short range, ultra – wideband radar with high resolution swept range gate ［P］：USA：5757320, 1998 – 05 – 26.

［149］ Mcewan Thomas E. Impulse Radar Studfinder ［P］：U. S.：5457394, 1995 – 10 – 10.

［150］ Mcewan Thomas E. Homodyne Impulse Radar Hidden Object Locator ［P］：U. S.：5512834, 1996 – 4 – 30.

［151］ Mcewan Thomas E. Micropower RF Material Proximity Sensor ［P］：U. S.：5832772, 1998 – 11 – 10.

［152］Mcewan Thomas E. Ultra – wideband receiver ［P］：U. S.：5523760，1996 – 06 – 04.

［153］Mcewan Thomas E. Ultra – wideband Receiver ［P］：U. S.：5345471，1994 – 09 – 06.

［154］刘跃龙. 对空冲激引信技术 ［J］. 制导与引信，2011，32（3）：1 – 4.

［155］林春. 超宽带电磁场传播与衰减特性研究 ［D］. 成都：成都理工大学，2007.

［156］郭波涛. 超宽带脉冲产生电路设计 ［D］. 北京：北京理工大学，2008.

［157］刘咏华，郑继禹，仇红冰. 一种超宽带脉冲发生器的设计 ［J］. 电子技术应用，2003，29（7）：57 – 59.

［158］樊孝明，邱昕，郑继禹，等. 超宽带（UWB）极窄脉冲的产生与实现 ［J］. 电子技术应用，2005，31（1）：53 – 55.

［159］周建明，高晓薇，费元春. 一种新的阶跃恢复二极管建模方法及其在短脉冲产生电路中的应用 ［J］. 吉林大学学报：工学版，2007，37（1）：173 – 176.

［160］Oh Seunghyun，Wentzloff David D. A step recovery diode based UWB transmitter for low – cost impulse generation ［C］. 2011 IEEE International Conference on Ultra – Wideband（ICUWB），2011：63 – 67.

［161］Xia Xinfan，Liu Lihua，Chen Jie，et al. A generator of ultra – wideband balanced pulses ［C］. Radar Conference 2013，IET International，IEEE，2013：1 – 4.

［162］陈振威，郑继禹. 基于 SRD 的超宽带脉冲产生与设计 ［J］. 桂林电子科技大学学报，2005，25（5）：36 – 39.

［163］范琨，花昀. 一种 UWB 脉冲发生器的设计与实现 ［J］. 电子设计应用，2007（2）：62 – 64.

［164］程勇，周月臣，程崇虎. 一种超宽带脉冲信号发生器的设计 ［J］. 通信学报，2005，26（10）：112 – 115.

［165］谈大伟. 冲激引信超窄脉冲源的研究 ［J］. 制导与引信，2004，25（3）：22 – 27.

［166］Hess K. Advanced theory of semiconductor devices ［M］. Upper Saddle River：Prentice – Hall，2000.

［167］Dimitrijev Sima. Understanding semiconductor devices ［M］. London：Oxford University Press，2000.

［168］赛尔勃赫. 半导体器件的分析与模拟 ［M］. 上海：上海科学技术文献出版社，1988.

［169］Sze S M. High – speed semiconductor devices ［M］. New York：Wiley，1990.

［170］张义门. 半导体器件计算机模拟［M］. 北京：电子工业出版社，1991.

［171］Neamen Donald. An introduction to semiconductor devices［M］. New York：McGraw – Hill, Inc., 2005.

［172］Snowden C. Introduction to semiconductor device modelling［M］. Singapore：World Scientific, 1986.

［173］唐纳德 A 尼曼. 半导体器件导论［M］. 北京：电子工业出版社，2015.

［174］Liou Juin J. Advanced semiconductor device physics and modeling［M］. Boston：Artech House, 1994.

［175］何野. 半导体器件的计算机模拟方法［M］. 北京：科学出版社，1989.

［176］Selberherr Siegfried. Analysis and simulation of semiconductor devices［M］. Berlin：Springer – Verlag, 1984.

［177］Ghione Giovanni. Semiconductor devices for high – speed optoelectronics［M］. London：Cambridge University Press, 2009.

［178］Troutman Dennis L, Fluhler Herbert U, Fullerton Larry W, et al. System and method for triggering an explosive device［P］：U. S. ：7417582B2, 2008 – 8 – 28.

［179］Muller M, Abib G I. Ultra wideBand RADAR system for human chest displacement［C］. New Circuits and Systems Conference, IEEE, 2015.

［180］高晋占. 微弱信号检测［M］. 北京：清华大学出版社，2011.

［181］王俊，黄志臻，王卫东，等. 基于峰值检测的脉冲超宽带信号接收方法［J］. 中国科学技术大学学报，2008，38（10）：1168 – 1172.

［182］Chen Si, Zhao Huichang, Zhang Shuning, et al. Study of ultra – wideband fuze signal processing method based on wavelet transform［J］. Iet Radar Sonar Navigation, 2014, 8（3）：167 – 172.

［183］O Lodge. Electric Telegraphy［P］：U. S. ：609154, 1898 – 8 – 16.

［184］Carter Philip S. Wide band short wave antenna and transmission line system［P］：U. S. ：2239700, 1941 – 4 – 29.

［185］Chu L J. Physical limitations of omnidirectional antennas［J］. Journal of Applied Physics, 1948, 19（12）：1163 – 1175.

［186］Schantz H G. A brief history of UWB antennas［J］. IEEE Aerospace & electronic Systems Magazine, 2004, 19（4）：22 – 26.

［187］Rumsey Victor H, Booker Henry G, Declaris Nicholas. Frequency independent antennas［M］. New York：Academic Press, 1966.

［188］Schelkunoff Sergei A, Twersky V. Advanced antenna theory［M］. New York：Wiley, 2009.

［189］ 钟顺时，梁仙灵，延晓荣. 超宽带平面天线技术 ［J］. 电波科学学报，2007，22（2）：308 – 315.

［190］ Liang Jianxin, Chiau C C, Chen Xiaodong, et al. Study of a printed circular disc monopole antenna for UWB system ［J］. IEEE Transactions on Antennas & Propagation, 2005, 53（11）：3500 – 3504.

［191］ Huang C Y, Hsia W C. Planar elliptical antenna for ultra – wideband communications ［J］. Electronics Letters, 2005, 41（6）：296 – 297.

［192］ Ray K P, Ranga Y, Gabhale P. Printed square monopole antenna with semicircular base for ultra – wide bandwidth ［J］. Electronics Letters, 2007, 43（5）：13 – 14.

［193］ Kiminami K, Hirata A, Shiozawa T. Double – sided printed bow – tie antenna for UWB communications ［J］. IEEE Antennas & Wireless Propagation Letters, 2005, 3（1）：152 – 153.

［194］ Eldek A A, Elsherbeni A Z, Smith C E. Wideband bow – tie slot antenna with tuning stubs ［C］. 2004 the IEEE Radar Conference, 2004：583 – 588.

［195］ Soliman E A, Brebels S, Delmotte P, et al. Bow – tie slot antenna fed by CPW ［J］. Electronics Letters, 1999, 35（7）：514 – 515.

［196］ Huang C Y, Lin D Y. CPW – fed bow – tie slot antenna for ultra – wideband communications ［J］. Electronics Letters, 2006, 42（19）：1073 – 1074.

［197］ Chen H D, Chen W S. A broadband CPW – fed square slot antenna ［C］. 2001 Asia – Pacific Microwave Conference, IEEE, 2001：970 – 973.

［198］ Chiou J Y, Sze J Y, Wong K L. A broad – band CPW – fed strip – loaded square slot antenna ［J］. IEEE Transactions on Antennas & Propagation, 2003, 51（4）：719 – 721.

［199］ Chen Horng Dean. Broadband CPW – fed square slot antennas with a widened tuning stub ［J］. IEEE Transactions on Antennas & Propagation, 2003, 51（8）：1982 – 1986.

［200］ Sze J Y, Wong K L, Huang C C. Coplanar waveguide – fed square slot antenna for broadband circularly polarized radiation ［J］. IEEE Transactions on Antennas & Propagation, 2003, 51（8）：2141 – 2144.

［201］ Chaimool S, Kerdsumang S, Akkraeakthalin P, et al. A broadband CPW – fed square slot antenna using loading metallic strips and a widened tuning stub ［C］. 2004 IEEE Region 10 TENCON, 2004（3）：539 – 542.

［202］ Lee H L, Lee H J, Yook J G, et al. Broadband planar antenna having round corner rectangular wide slot ［C］. Antennas and Propagation Society International Symposium, IEEE, 2002（2）：460 – 463.

［203］ Consoli F, Maimone F, Barbarino S. Study of a CPW – fed circular slot antenna for UWB communications ［J］. Microwave & Optical Technology Letters, 2006, 48 (11): 2272 – 2277.

［204］ Li Pengcheng, Liang Jianxin, Chen Xiaodong. Study of printed elliptical/circular slot antennas for ultrawideband applications ［J］. IEEE Transactions on Antennas & Propagation, 2006, 54 (6): 1670 – 1675.

［205］ 高国平. 超宽带天线设计及其阵列研究 ［D］. 兰州：兰州大学, 2009.

［206］ Xu H Y, Zhang H, Li G Y, et al. An ultra – wideband fractal slot antenna with low backscattering cross section ［J］. Microwave and Optical Technology Letters, 2011, 53 (5): 1150 – 1154.

［207］ Krishna D D, Gopikrishna M, Anandan C K, et al. CPW – fed Koch fractal slot antenna for WLAN/WiMAX applications ［J］. IEEE Antennas & Wireless Propagation Letters, 2008, 7: 389 – 392.

［208］ Krishna D D, Gopikrishna M, Aanandan C K, et al. Compact wideband Koch fractal printed slot antenna ［J］. IET Microwaves Antennas & Propagation, 2009, 3 (5): 782 – 789.

［209］ Xu H Y, Zhang H, Yin X, et al. Ultra – wideband Koch fractal antenna with low backscattering cross section ［J］. Journal of Electromagnetic Waves & Applications, 2012, 24 (17): 2615 – 2623.

［210］ 武广号, 文毅, 乐美峰. 遗传算法及其应用 ［M］. 北京：人民邮电出版社, 1996.

［211］ 陈国良. 遗传算法及其应用 ［M］. 北京：人民邮电出版社, 1996.

［212］ 张文修, 梁怡. 遗传算法的数学基础 ［M］. 西安：西安交通大学出版社, 2000.

［213］ 吕英华. 计算电磁学的数值方法 ［M］. 北京：清华大学出版社, 2006.

［214］ 曾余庆. 电磁场的有限元法 ［M］. 西安：西安交通大学出版社, 1991.

［215］ 斯特朗费克思. 有限元分析 ［M］. 北京：科学出版社, 1983.

［216］ 谢拥军. HFSS 原理与工程应用 ［M］. 北京：科学出版社, 2009.

［217］ Harrington R F, Harrington J L. Field computation by moment methods ［M］. London：Macmillan, 1968.

［218］ 克拉特. 雷达散射截面：预估、测量和减缩 ［M］. 北京：电子工业出版社, 1988.

［219］ Rao S M, Wilton D R, Glisson A W. Electromagnetic scattering by surfaces of arbitrary shape ［J］. IEEE Transactions on Antennas & Propagation, 1982, 30 (3): 409 – 418.

［220］葛德彪，闫玉波．电磁场时域有限差分方法［M］．西安：西安电子科技大学出版社，2005．

［221］沈磊．超宽带无线电引信测试技术［D］．北京：北京理工大学，2015．

［222］Lu Guofeng，Mark S von der，Korisch I，et al．Diamond and rounded diamond antennas for ultrawide – band communications［J］．IEEE Antennas & Wireless Propagation Letters，2004，3（1）：249 – 252．

［223］Lu Guofeng，Korisch I，Greenstein L，et al．Antenna modelling using linear elements，with applications to UWB［C］．Antennas and Propagation Society International Symposium，IEEE，2004，3：2544 – 2547．

［224］Lu Guofeng，Greenstein L J，Spasojevic P．Spectral and spatial properties of antennas for transmitting and receiving UWB signals［J］．IEEE Transactions on Vehicular Technology，2008，57（1）：243 – 249．

［225］［美］斯蒂芬·伍德，罗伯托·艾洛．超宽带基础［M］．廖学文，译．西安：西安交通大学出版社，2012．

［226］周建明，费元春．SRD 建模及其在冲激脉冲产生电路中的应用［J］．北京理工大学学报，2007，27（1）：55 – 58．

［227］纪建华，费元春，周建明，等．超宽带皮秒级脉冲发生器［J］．兵工学报，2007，28（10）：1243 – 1245．

［228］皮埃罗．半导体器件基础［M］．北京：电子工业出版社，2010．

［229］王志旻．基于不同驱动的阶跃恢复二极管皮秒级脉冲源研究［D］．南京：南京航空航天大学，2013．

［230］王晴．高速电脉冲的产生与测量技术的研究［D］．长春：吉林大学，2007．

［231］李国林．引信信息理论与起爆控制研究［D］．北京：北京理工大学，1999．

［232］张旭东，郑世举，余德瑛．国外无线电引信干扰机的发展状况［J］．制导与引信，2004，25（4）：22 – 25．

［233］侯振宁．国外机载雷达无源干扰装备的发展现状［J］．航空兵器，2002（4）：35 – 38．

［234］付伟．美国机、舰载雷达无源干扰典型装备分析［J］．中国雷达，1999（4）：36 – 39．

［235］付伟．北约国家舰载雷达无源干扰装备的现状［J］．舰船电子对抗，2002，25（2）：9 – 11．

［236］Lawson D．Innovations in proximity fuzing［C］．The 43th Annual Fuze Conference, 1999.

[237] Nickolin T. Highly integrated firing module [C]. The 43th Annual Fuze Conference, 1999.

[238] Hertlein B, Lawson D. Improved artillery proximity fuze [C]. The 44th Annual Fuze Conference & Munitions Technology Symposium Ⅶ, 2000.

[239] 单剑锋, 崔占忠, 司怀吉. 小波变换去噪方法在无线电引信信号处理中应用的研究 [J]. 北京理工大学学报, 2005, 25 (3): 257 - 259.

[240] 王明阳, 柳征, 周一宇. 基于希尔伯特 - 黄变换的冲击无线电信号检测 [J]. 信号处理, 2006, 22 (4): 581 - 584.

[241] 张淑宁, 赵惠昌, 涂有超. 基于 FRFT 的伪码引信自适应 LFM 干扰对消防法 [J]. 电子与信息学报, 2008, 30 (5): 1084 - 1087.

[242] 李根华. 基带雷达引信探测目标的原理分析 [J]. 制导与引信, 2002, 23 (3): 31 - 33.

[243] Immoreev I Y. Practical application of UWB technology [J]. IEEE Aerospace and Electronic Systems Magazine, 2010, 25 (2): 36 - 42.

[244] Immoreev I Y, Samkov S V, Tao T H. Short - distance ultra - wideband radars [J]. IEEE Aerospace and Electronic Systems Magazine, 2005, 20 (6): 9 - 14.

[245] Micropower Impulse Radar (MIR) Technology Overview [R]. Lawrence Livermore National Laboratory, 1995.

[246] Fontana R J. Recent system applications of short - pulse ultra - wideband (UWB) technology [J]. IEEE Transactions on Microwave Theory and Techniques, 2004, 52 (9): 2087 - 2104.

[247] Fullerton L W. Time domain radio transmission system [P]. U. S.: 5952956, 1999 - 9 - 14.

[248] Fullerton L W, Barnes M A. Time domain radio transmission system [P]. U. S.: 5969663, 1999 - 10 - 19.

[249] Brown G S. The average impulse response of a rough surface and its applications [J]. IEEE Transactions on Antennas and Propagation, 1977, AP - 25 (1): 67 - 74.

[250] Yee K S. Numerical solution of initial boundary value problems involving Maxwell's equation in isotropic media [J]. IEEE Trans Antenna Propagation, 1966, 14 (5): 302 - 307.

[251] 王俊, 黄志臻, 王卫东, 等. 基于峰值检测的脉冲超宽带信号接收方法 [J]. 中国科学技术大学学报, 2008, 38 (10): 1168 - 1172.

[252] Lovelace W M, Townsend J K. The effects of timing jitter and tracing on the per-

formance of impulse radio［J］. IEEE Journal on Selected Areas in Communications，2002，20（9）：1646 - 1651.

［253］盛浩，付红卫，王欣. 一种中远距离超宽带引信时间系统［J］. 微计算机信息（嵌入式与SOC），2009，25（7 - 2）：268 - 269，277.

［254］林茂庸，柯有安. 雷达信号理论［M］. 北京：国防工业出版社，1984.

［255］郝新红. 复合调制引信定距理论与方法研究［D］. 北京：北京理工大学，2006.

［256］中航雷达与电子设备研究院. 雷达系统［M］. 北京：国防工业出版社，2005.

［257］杜汉卿. 无线电引信抗干扰原理［M］. 北京：兵器工业出版社，1988.

［258］丁庆海，陆锦辉，庄志洪，等. 随机脉位序列调制的脉冲多普勒引信原理［J］. 宇航学报，1999，20（1）：104 - 108.

［259］梁棠文. 防空导弹引信设计及仿真技术［M］. 北京：宇航出版社，1995.

［260］朱华，黄辉宁，李永庆. 随机信号分析［M］. 北京：北京理工大学出版社，1990.

［261］Knott E F，Shaeffer J F，Tuley T M. Radar Cross Section（second edition）［M］. SciTech publishing，1993.

［262］Shubett K A，Ruck G T. Canonical representation of the radar range equation in the time domain［J］. Proceedings of SPIE—The International Society for Optical Engineering，1992，1631：2 - 12.

［263］Kennaugh E M，Moffatt D L. Transient and impulse response approximations［J］. Proceedings of the IEEE，1965，53：893 - 901.

［264］黄培康，殷红成，许小剑. 雷达目标特性［M］. 北京：电子工业出版社，2005.

［265］刘刚，王春阳，师剑军，等. 三角形偶极子天线的瞬态辐射研究［J］. 空军工程大学学报：自然科学版，2001，2（5）：59 - 61.

［266］Bennett C L，Ross G F. Time - domain electromagnetics and its applications［J］. Proceedings of the IEEE，1978，66（3）：299 - 318.

［267］张玉铮. 近炸引信设计原理［M］. 北京：北京理工大学出版社，1996.

［268］潘曦，崔占忠. 无线电引信近场目标特性研究［J］. 兵工学报，2008，29（3）：277 - 281.

［269］Thorsos E I. The validity of the Kirchhoff approximation for rough surface scattering using a Gaussian roughness spectrum［J］. J. Acoust. Soc. Am.，1988，83：78 - 92.

［270］Hastings F D，Schneider J B，Broschat S L. A Montecarlo FDTD technique for rough surface scattering [J]. IEEE Transaction on Antennas and Propagation, 1995, 43 (11): 1183 – 1191.

[271] 任新成. 粗糙面电磁散射及其与目标的复合散射研究 [D]. 西安: 西安电子科技大学, 2008.

[272] 王禹. 地面目标宽带电磁散射研究 [D]. 长沙: 国防科学技术大学, 2005.

[273] 匡磊金, 亚秋. 三维随机粗糙面与目标复合电磁散射的 FDTD 方法 [J]. 计算物理, 2007, 24 (5): 550 – 560.

[274] Rius J M, Ferrando M, Jofre L. High – frequency RCS of complex radar targets in real – time [J]. IEEE Transactions on Antennas and Propagation, 1993, 41 (9): 1308 – 1318.

[275] Legault S R. Refining physical optics for near – field computations [J]. Electronics Letters, 2004, 40 (1): 71 – 72.

[276] 李向军, 李静. 复杂目标近区 RCS 的一种计算方法 [J]. 制导与引信, 2005, 26 (3): 47 – 51.

[277] 潘曦, 崔占忠. 基于对空无线电引信的平板目标特性建模与仿真 [J]. 系统工程与电子技术, 2009, 31 (11): 2563 – 2566.

[278] 顾俊. 用 PO + PTD 法进行近场电磁散射理论建模 [J]. 制导与引信, 2000, 21 (1): 11 – 15, 38.

[279] Wang J R, Schmugge T J. An empirical model for the complex dielectric permittivity of soils as a function of water content [J]. IEEE Transactions on Geoscience and Remote Sensing, 1980, 18: 288 – 295.

[280] 金亚秋. 电磁散射和热辐射的遥感理论 [M]. 北京: 科学出版社, 1998.

[281] Dobson M C, Kouyate F, Ulaby F T. A reexamination of soil textural effects [J]. IEEE Trans. Geosci. Rem. Sensing, 1984, Ge – 22 (6): 530 – 535.

[282] 宋运龙. 实际粗糙表面的电磁散射特征研究 [D]. 西安: 西安电子科技大学, 2008.

[283] 姜卓娇, 于生宝, 白毅, 等. 基于取样积分技术的数据采集系统 [J]. 吉林大学学报: 信息科学版, 2007, 25 (3): 233 – 238.

[284] 付红卫, 向正义, 王斌科, 等. 一种提高冲激雷达信噪比的方法 [J]. 空军工程大学学报, 2000, 1 (2): 32 – 35.

[285] 焦光龙, 付红卫, 向正义, 等. 提高取样积分器稳定性的平衡取样法 [J]. 空军工程大学学报, 2001, 2 (2): 85 – 87.

[286] 邱杰, 张英波. 调频干扰仿真数学模型究 [J]. 船舶电子对抗, 2001 (4): 5 – 7.

［287］沈磊，黄忠华. 超宽带无线电引信回波信号建模与仿真［J］. 兵工学报，2015，36（5）：795-800.

［288］李萌，黄忠华，沈磊. 阶跃恢复二极管参数对窄脉冲波形的影响研究［J］. 兵工学报，2017，38（8）：1490-1497.

［289］李萌，黄忠华. 超宽带引信取样脉冲宽度与相关接收输出信号幅度关系研究［J］. 兵工学报，2016，37（11）：1989-1994.

［290］闫岩，黄忠华，崔占忠. 取样脉冲对平衡式取样积分微分电路性能影响［J］. 数据采集与处理，2011，26（2）：188-193.

［291］Li M，Huang Z. An adaptive line enhancement method for UWB proximity fuze signal processing based on correlation matrix estimation with time delay factor［J］. Proceedings of the Spie，2016，155：1015507.

［292］Li M，Huang Z. Attenuation characteristic of UWB signals propagation in free space［C］// International Symposium on Optoelectronic Technology & Application. 2016.

［293］Meng L，Zhonghua H，Chao M. Hardware implementation of adaptive filter for UWB radio fuze［C］// International Conference on Electronics Information & Emergency Communication，IEEE，2016.

［294］Li M，Huang Z，You H. A method of echo signal generation for UWB fuze based on microstrip bandpass filter［C］// International Symposium on Computational Intelligence & Design，IEEE，2016.

［295］Yan Y，Cui Z Z. Anti-jamming performance of ultra wideband radio fuze［J］. Acta Armamentarii，2010，31（1）：13-17.

［296］Yan Y，Cui Z Z. Modeling and simulation of ultra wideband radar fuze receiver［J］. Journal of Astronautics，2011，32（6）：1394-1399.

［297］Yan Y，Cui Z Z，Huang Z H. Deconvolution of the impulse response of the target by modified conjugate gradient method［C］// 2010 2nd international conference on signal processing system. 2010：V3-685-V3-688.

［298］李萌，尹健，黄忠华. 超宽带无线电引信建模与仿真优化［D］. 北京：北京理工大学，2016.

［299］闫岩，崔占忠. 超宽带无线电引信抗干扰性能研究［J］. 兵工学报，2010，31（1）：13-17.

［300］Yan Y，Zhanzhong C. Noise and zero excursion elimination of electrostatic detection signals based on EMD and wavelet transform［C］// International Congress on Image & Signal Processing，IEEE，2009.

［301］Yan Y，Zhan-Zhong C，Zhong-Hua H. Deconvolution of the impulse response of the target by modified conjugate gradient method ［C］// International Conference on Signal Processing System，2010.

［302］Huang Z H，Yan Y. Deconvolution of the impulse response of rough ground ［C］// International Conference on Advanced Computer Theory and Engineering，IEEE，2010：V5 –470 – V5 –474.

索　引